化学镀法改性吸波纤维及粉体材料

李 茸 贾 瑛
刘 渊 崔 虎 著

U0382240

西北工业大学出版社

西安

【内容简介】 本书共 7 章,首先介绍各种化学镀法改性吸波纤维及粉体材料研究涉及的工艺流程、实验材料、设备和表征方法,其次重点论述碳纤维核壳结构吸波材料、玻璃纤维核壳结构吸波材料、空心微珠核壳结构吸波材料的制备、表征和吸波性能测试,以及羰基铁粉表面化学镀防氧化研究,最后对研究结果进行讨论和展望。

本书可为从事化学镀工艺优化与应用技术、材料表面工程、隐身技术工作的科研人员和工程实践人员提供参考,同时也可作为高等学校相关专业的本科生及研究生的参考书。

图书在版编目(CIP)数据

化学镀法改性吸波纤维及粉体材料 / 李茸等著. —
西安 :西北工业大学出版社,2021.9
ISBN 978 - 7 - 5612 - 7995 - 3

Ⅰ. ①化… Ⅱ. ①李… Ⅲ. ①化学镀 Ⅳ.
①TG174.4

中国版本图书馆 CIP 数据核字(2021)第 197113 号

HUAXUE DUFA GAIXING XIBO XIANWEI JI FENTI CAILIAO
化学镀法改性吸波纤维及粉体材料

责任编辑:王玉玲		策划编辑:杨 军	
责任校对:朱晓娟		装帧设计:李 飞	

出版发行:西北工业大学出版社
通信地址:西安市友谊西路 127 号   邮编:710072
电　　话:(029)88491757,88493844
网　　址:www.nwpup.com
印　刷　者:兴平市博闻印务有限公司
开　　本:710 mm×1 000 mm　　1/16
印　　张:7.5　　　　　　　　　插页:12
字　　数:123 千字
版　　次:2021 年 9 月第 1 版　　2021 年 9 月第 1 次印刷
定　　价:69.00 元

前　言

　　隐身技术是指减弱目标的各种可探测特征,使敌方探测设备难以发现或使其探测能力降低的综合性技术。随着现代科学技术的飞速发展,战场上的侦瞄水平越来越高,普通兵器系统被发现的可能性也越来越大。"首战即决战,发现即摧毁"成为现代化战争的显著特征之一,因此,隐身技术已成为各国军事竞争的一项重要内容。

　　评价武器装备雷达隐身性能的关键参数是雷达散射截面积(Radar Cross Section,RCS),只有尽可能地减小 RCS 才能达到隐身效果。改变武器外形结构和用雷达吸波材料(Radar Absorption Material,RAM)涂覆在武器的表面是降低 RCS 的两个方面。但在实际应用中,改变武器的外形结构涉及结构与强度的设计,降低 RCS 与实现武器有适应作战环境的结构和强度同时实现的难度较大。使用 RAM 则可以在几乎不影响武器的结构和强度的情况下降低 RCS。

　　对于雷达吸波材料来说,吸收剂吸收和耗散电磁波的能力决定了材料本身的吸波性能。从现有研究资料发现,吸收剂是研究雷达吸波材料的突破点,大多数资料研究的对象是磁性吸波材料。磁性金属(Fe,Co,Ni)组成的金属与合金吸收剂具有微波磁导率较高、电磁参量可通过细度进行调节等特点,因此是极优的雷达电磁波损耗材料。

　　核壳结构材料是一种具有特殊结构的功能复合材料,由于其兼有内核和壳层材料的性能,同时协同效应又使其具有不同于核、壳层材料的特殊的物理、化学性质,所以在光学、电磁学和化学催化等领域有着广阔的应用前景。对于吸波材料而言,通过核壳材料的有效设计,可在一定程度上赋予微纳米壳核颗粒新的吸波通道,增强颗粒的微波吸收特性。同时,通过介电损耗型材料与磁损耗型材料的复合,可有效地调节材料的电磁匹配特性。因此,壳核颗粒是一种非常有发展前景的高性能、多功能吸收剂。笔者将多年来有关化学镀法改性吸波纤维及粉体材料的研究成果整理成书,主要介绍在非金属基材碳纤维、玻璃纤维及空心微珠表面进行化学镀金属(Co,Ni)的工艺及相关的性能表征测试结果分析,以及在羰基铁粉表面进行化学镀钴改性对羰基铁粉的抗氧化保护作用和镀层对羰基铁粉电磁参数的影响。

本书共7章。第1章为绪论;第2章为实验方法简介;第3章为碳纤维核壳结构吸波材料的制备、表征和吸波性能测试;第4章为玻璃纤维核壳结构吸波材料的制备、表征和吸波性能测试;第5章为空心微珠核壳结构吸波材料的制备、表征和吸波性能测试;第6章为羰基铁粉表面化学镀防氧化研究;第7章为讨论和展望。

李茸主要完成本书第4~7章的撰写,贾瑛主要完成本书第1章的撰写,刘渊主要完成本书第3章的撰写,崔虎主要完成本书第2章的撰写。

在撰写本书的过程中,参阅了国内外的相关著作和论文,在此对其作者深表谢意。

由于水平有限,书中的疏漏之处在所难免,恳请读者批评指正!

著　者

2021年6月于西安

主要缩略词说明

英文缩写	中文名称	英文名称
RAM	雷达吸波材料	Radar Absorbing Material
RCS	雷达散射截面	Radar Cross Section
CF	碳纤维	Carbon Fiber
CNTs	碳纳米管	Carbon Nanotubes
CIP	羰基铁粉	Carbonyl Iron Power
XRD	X 射线衍射分析	X-Ray Diffraction
SEM	扫描电镜	Scanning Electron Microscopy
FESEM	场发射扫描电镜	Field Emission Scanning Electron Microscopy
EDS	电子能谱	Energy Dispersive Spectroscopy
TEM	透射电镜	Transmission Electron Microscopy
HRTEM	高分辨率透射电镜	High-Resolution Transmission Electron Microscopy
VNA	矢量网络分析仪	Vector Network Analyzer
CA	柠檬酸	Citric Acid
EP	环氧树脂	Epoxy Resin
GA	遗传算法	Genetic Algorithms
RGO	还原氧化石墨烯	Reduced Graphere Oxide
DSC	差示扫描量热仪	Differential Scanning Calorimetry
FTIR	傅里叶变换红外光谱	Fourier Transform Infrared Spectrometer
TG	热重	Thermal Gravity
DTG	微商热重	Differential Thermal Gravity

目　　录

第1章 绪 论

1.1 研究工作的背景和意义

"首战即决战,发现即摧毁"成为现代化战争的显著特征之一。随着现代科学技术的飞速发展,战场上的侦瞄水平越来越高,普通兵器系统被发现的可能性也越来越大。在未来战争中,谁先发现对方,谁就能回避或摧毁对方,因此,隐身技术已成为各国军事竞争的一项重要内容[1-2]。隐身技术是指减小目标的各种可探测特征,使敌方探测设备难以发现或使其探测能力降低的综合性技术。隐身技术能够有效降低武器装备的声、电、光、磁等特征信号,提高其战场生存能力和突防打击能力,因而受到了世界各军事强国的重视。隐身技术正朝着综合运用、权衡隐身性能和其他性能、扩展频率范围和应用范围、降低成本等方向发展[3-5]。目前,常见的隐身技术有可见光、红外、雷达、激光、声波及多波段隐身技术等。

雷达探测技术起源于第二次世界大战,是一种发射电磁波对目标进行照射并接收其回波以确定目标位置的技术。它以电磁波散射理论为基础,采用各种措施使目标在雷达探测波束范围内,具有极小的雷达截面积,能大幅度地减少被敌方雷达接收机截获的电磁波能量,缩短雷达对目标的探测距离。雷达隐身技术主要包括两大方面,一是隐身外形技术,另一个是隐身材料技术。目前,雷达探测技术仍是研究最成熟、运用最广泛、对武器装备构成威胁最大的探测技术。为了提高武器装备的战场生存能力与作战效能,反雷达探测技术开始蓬勃发展[6-7]。评价武器装备隐身性能的关键参数是雷达散射截面(RCS)面积,只有尽可能地减小RCS才能达到隐身效果。减小RCS可以从两个方面入手:改变武器的外形结构和用雷达吸波材料(RAM)涂覆在武器的表面[8-9]。但在实际应用中,改变武器的外形结构涉及结构与强度的设计,降低 RCS 与使武器有适应作战环境的结构和强度同时实现的难度较大,而使用 RAM 可以在几乎不影响武器的结构和强度的情况下减小 RCS。因此,隐身新技术的发展重点放在了隐身材料技术方面。隐身材料技术是未来隐身技术发展的一个重要方向。

科技的发展使得部队在指挥通信、预警侦察及战场评估等系统中装备了大量电子或电气设备。在复杂的战场电磁环境下,周围电磁环境会对设备的正常工作产生干扰,甚至摧毁设备战斗力。因此,复杂电磁环境下,有效的电磁屏蔽措施是有效遂行对敌方电磁干扰的反击和压制,而军事目标的雷达隐身和电磁屏蔽急需新型高性能的吸波材料[10]。与一些军事强国相比,我国对高性能吸波材料的研究起步较晚,研究基础相对薄弱。因此,开展高性能吸波材料的研究,对提高我国在这一领域的发展水平、增强武器装备的实战能力、推动部队实战化建设、适应未来战争需要,有着重大而深远的意义[11]。

RAM 作为现代高科技军事装备的基础材料,在雷达隐身技术中占有重要位置。美军采用了 RAM 的军事装备在 20 世纪 90 年代以来多场局部战争中得到空前应用,取得了非凡的战绩,引起世界各军事大国的广泛关注和持续研究。目前,美国在 RAM 领域处于国际领先水平,英、法、德、俄等军事大国紧随其后,在该领域取得了很大的进展。在信息化时代的军事行动中,各国对 RAM 的性能要求也日渐提高,不仅需要满足"薄、轻、宽、强"的基本要求,更是朝着"纳米化、复合化、智能化、兼容化"的方向发展[12-14]。磁性金属(Fe,Co,Ni)组成的金属与合金吸波剂具有微波磁导率较高、电磁参量可通过细度进行调节等特点,因此是极优的雷达电磁波损耗材料。

隐身技术对吸波材料的基本要求如下:

(1)材料的化学稳定性应有较宽的温度范围。

(2)足够宽的工作频带中,要求材料与空气有良好的匹配,使空气与材料界面间的总反射很小。这就要求材料有较好的频率特性,再通过合理的设计,充分利用材料的性能。

(3)要求吸波涂层材料的面密度小、质量轻,这对隐身飞行器尤为关键。

(4)有高的力学性能及良好的环境适应性和理化性能,既要求材料不仅黏结强度高,也要有耐一定的适应温度和环境变化的能力。

核壳结构材料的设计基于保护内核粒子和改善内核表面性能的目的,内核与外壳性能的差异能够有效赋予复合材料新的性能和拓宽其应用范围。核壳结构材料是一种具有特殊结构的功能复合材料,由于其兼有内核和壳层材料的性能,同时协同效应又使其具有不同于核、壳层材料的特殊的物理、化学性质,所以在光学、电磁学和化学催化等领域有着广阔的应用前景。对于吸波材料而言,通过核、壳材料的有效设计,可在一定程度上赋予微纳米壳核颗粒新的吸波通道,增强颗粒的微波吸收特性。同时,通过介电损耗型材料与磁损耗型材料的复合,可有效地调节材料的电磁匹配特性[15-17]。因此,壳核颗粒是一种非常有发展前景的高性能、多功能吸收剂,有可能实现高吸收、宽频带、质轻层薄和多波段吸收兼顾等要求。根据壳核材质不同,可将其主要分为有机-无机型、无机-有机型和无机-无机型三类。对于无机-无机型核壳结构材料,其常用的制备方法有物理机械法、气相沉积法、共沉淀法、溶胶-凝胶法和化学镀法等。其中,化学镀法包覆因镀层均匀、工艺易于控制、设备简单而成为常用的包覆方法[18-19]。

核壳结构磁性金属颗粒能提高耐高温、质量轻、强度大的陶瓷、玻璃纤维、碳纤维等的吸波性能,并能改善高磁性金属在高温环境中抗氧化性。因此,研制核壳结构磁性金属-陶瓷纳米复合粉体吸波剂,进行多层梯度纳米膜材料复合,可以提高材料对微波的吸收性能。磁性金属(Fe,Co,Ni)组成的金属与合金吸波剂具有微波磁导率较高、电磁参量可通过细度进行调节等特点,因此是极优的雷达电磁波损耗材料[12]。另外,在纳米尺度上对金属吸波剂的纳米结构进行理性设计和化学裁剪有可能显著地改变金属吸波剂的物理化学性质,获得性能更好的吸波剂。

从第二次世界大战开始,发达国家已经开始对雷达吸波材料的研究,旨在研制出具有隐身特性的新型武器装备,当前雷达吸波材料的种类已经超过10种。对于雷达吸波材料来说,吸波剂吸收和耗散电磁波的能力决定了材料本身的吸波性能。现有研究资料表明,吸波剂是研究雷达吸波材料的关键突破点,大多数资料研究的对象是磁性吸波材料。本书主要介绍碳基复合材料、陶瓷基复合材料、磁性金属粉末材料三类常见的雷达吸波材料。

1.2 碳基复合材料

碳基复合材料是指以轻质碳材料(膨胀石墨、碳纤维、碳纳米管等)为基材,采用化学方法与磁性金属或导电性良好的纳米金属复合,获得的系列轻质复合材料。碳基复合材料具有优良的本征特性,如耐热、耐腐蚀、耐热冲击、传热及导电性强和高温强度高等一系列性能。除了以上优良性能外,它还具有很多其他优点:在较大的电磁频率范围内具有很强的吸收电磁波能力;仅需加入少量吸波剂即可得到密度低的复合材料;与其他材料复合后,在大幅增强复合材料力学性能的同时,可提高材料的整体吸波性能[20-21]。在碳材料表面包覆磁性吸收剂:一方面能够极大地提高碳材料的磁性能,明显改善其阻抗匹配能力,有效提高吸波性能;另一方面则可以获得比磁性吸收剂的密度显著降低的复合粉体,使得碳材料-磁性吸收剂在轻质 RAM 领域有潜在的应用前景。

对于碳材料吸收剂的研究是以炭黑、石墨等材料为起点,藉由数代人的努力逐步丰富和发展起来,形成了当今以碳纤维(CF)、碳纳米管(CNTs)为重要支撑,传统吸收剂(炭黑、石墨)与新型吸收剂(石墨烯)并存的格局。

1.2.1 碳纤维

纤维具有独特的形状和各向异性,通过磁损耗或涡流损耗等多种吸波机制来损耗电磁波能量,以此来实现在很宽的频带内的高吸收;而且其质量与传统的金属微粉吸波材料相比减轻 40%～60%,是一种有潜在应用前景的轻质、宽频吸波剂。

碳纤维由于具有密度小、强度高、化学稳定性和导电性能良好等优点,已成为电磁屏蔽材料研究的新热点之一。碳纤维吸波材料[22-23]由于具有优良的力学性能且经过改性处理后具有较强的吸波性能,已大量应用于隐身技术,是一种应用前景广泛的多功能复合材料,不仅可以减小雷达波反射截面,还具有较强的承载功能。碳纤维不但能作结构吸波材料,其短纤维还能作为涂覆型吸波材料的吸收剂。与其他吸波材料相比,碳纤维不仅具有硬度高、高温强度大、热膨胀系数小、热传导率高、耐蚀和抗氧化等特点,而且还具有质轻、宽频的优点。基于碳纤维已表现出来的优良性能及其在实际应用中的潜在发展空间,碳纤维复合材料已成为新型吸波材料的重要一员。

关于碳纤维电磁屏蔽材料的研究主要有两种:一种是表面改性碳纤维,即通过化学方法在碳纤维表面包覆或者沉积金属或其他材料,从而提高碳纤维的导电性能和导磁性能;还有一种是特殊碳纤维,即通过特定的制备方法,制备出不同形态或者不同结构的碳纤维复合材料,从而改善其电磁特性。碳纤维型电磁屏蔽材料的国内外研究现状见表1.1。

表 1.1　碳纤维型电磁屏蔽材料的国内外研究现状

类型	作者	方式	优点
表面改性碳纤维	高文等人[24]	SiC 涂层或 SiC - C 共沉积	依靠改变沉积层厚度改变材料的复介电常数,减小电损耗角,降低材料对电磁波的强反射性
	Huang 等人[25]	化学镀镍	制备出较好的镀镍碳纤维,屏蔽效能可达 44 dB
	Yang 等人[26]	电化学法铁涂层碳纤维	在 2～18 GHz 范围内具有较大的介电常数
	黄洁等人[27]	化学镀镍/ABS复合	增强了其机械性能和电磁屏蔽性能
特殊碳纤维	邢丽英等人[28]	树脂填充	对电磁波的衰减作用显著增强
	赵东林等人[29]	气相沉积法制备螺旋形手征碳纤维	对电磁波的吸收能力增强
	欧阳国恩等人[30]	加入聚碳硅烷制备 SiC - C 复合纤维	对电磁波发射衰减作用显著增强

碳纤维最主要的缺点是抗氧化性较差,空气气氛下 400℃ 左右就会发生明显的氧化失重现象,同时随着温度的升高,氧化速度会加快,当纤维氧化 2%～5% 时就会造成强度的严重下降,下降程度约为一半。因此,改善纤维的抗氧化性能显得尤为重要,通常采用表面改性的方法来提高其抗氧化性。

此外,对碳纤维进行表面改性能够提高电阻率,调整介电常数,从而能起到吸波剂的作用。

1.2.2　碳纳米管

纳米材料具有量子尺寸效应、宏观量子隧道效应,以及小尺寸和界面效应等,因而作为吸波材料,其在很宽的频率范围内有较高的雷达波吸收率。碳纳米管由于结构特殊(如比表面积大、长径比高和尺寸小等),且具有特殊的电磁特性等优异的物理、化学性能,引起了研究者的广泛关注。一维管状结构和强导电性使其具有较低的渗透阈值和优异的导电损耗性能。因此,CNTs 被认为是轻质耐高温吸波材料的潜在候选材料之一。具体而言碳纳米管有以下的独特性质[31]:

(1)抗拉强度大。

碳纳米管具有很大的抗拉强度,最高可达 200 GPa,却有很小的密度。与钢相比,其抗拉强度是钢的 100 倍,而密度仅为钢的 1/6。它是抗拉强度最大的纤维,且强度与质量之比至少比常规石墨纤维高一个数量级。

(2)导电性好。

碳纳米管具有具有很好的电学性能,导电性能很好,这是因为碳纳米管具有和石墨相同的片层结构。

(3)传热性好。

适当排列碳纳米管可得到非常高的各向异性热传导材料。

(4)吸波能力强。

碳纳米管具有特殊的物理结构和介电性质,再加上它同时具有密度小、导电性可调节、抗高温氧化能力强和稳定性好等特点,是一种具有广阔应用前景的理想微波吸收剂。

对 CNTs 而言,其优异的导电性使电磁波易被反射而不利于电磁波的吸收,且损耗机制主要来源于极化引起的介电损耗和导电损耗,因此可以通过引入其他介电/磁性材料改善阻抗匹配特性和增加损耗机制。研究表明:在多壁碳纳米管(MWCNTs)表面修饰 ZnO,可调控它们之间的界面极化性能和介电常数;用钴配合物来改性 CNTs,可有效减少材料表面对电磁波的反射而使其进入材料内部。改善 CNTs 的吸波性能主要有两种方法：一是与介电材料复合；二是与磁性材料复合。

1.2.3　石墨烯

石墨烯是一种具有二维结构的碳材料，由碳原子按照六元环的形式堆积形成平面二维结构，相邻的碳原子以 sp2 杂化成键，具有密度低、比表面积大、导电性高等特点。然而，单纯将石墨烯作为吸波材料时，存在阻抗匹配性低、损耗机制有限和在基材中分散性差的缺点，吸波能力较弱。还原氧化石墨烯（RGO）由于结构中存在大量的缺陷和残余含氧官能团，更有利于电磁波的吸收和损耗，因而受到研究者的广泛关注。目前，提高 RGO 基吸波材料的阻抗匹配性和增加其损耗机制主要是通过引入介电或磁性材料、构建多孔来实现的，磁性粒子提供磁损耗，石墨烯作为导电材料提供电损耗。为了增强吸波性能，已设计出各种结构的复合物。

尽管最大吸收强度已经很高，但只在某一频率附近吸收强度迅速降低，这些吸波材料的吸收带宽（回波损耗 RL＜－10 dB）在 4～5 GHz 之间。如何进一步提高其吸收带宽是今后科研的新方向。

1.3　陶瓷基复合材料

1.3.1　空心微珠

空心微珠是一种独特而性能稳定的中空微粒材料，其基本化学组成为 SiO_2（＞55％）和 Al_2O_3（＞31％），并含有少量 Fe_2O_3，CaO，TiO_2。由于具有颗粒细、中空、质轻、高强、耐磨、耐高温、保温绝热和绝缘阻燃等多种性能，常作为复合材料的填料，在建材、冶金、航空航天、机械、物理、化学、电绝缘及军事等领域广泛应用[32-33]。空心微珠自身并不具有吸波特性，却是制备吸波材料的良好基材。国内目前利用空心微珠制备吸波材料的研究，多采用化学镀法制备液相包覆粉末。多数研究是在镀液中添加粉体制得镍包覆粉末，以大大改善含镍复合粉末及其制备的含镍复合材料的性能[34-37]。

用化学镀法在空心微珠表面包覆一层磁性合金层,可使空心微珠粉末具有良好的电磁性能,能够作为吸波涂层的吸收剂。不仅如此,它还能大大提高吸波涂层材料的机械强度、操作压力及操作温度,减小吸波涂层的质量。因此,空心微珠的化学镀技术在吸波材料领域具有良好的应用前景。目前对空心微珠表面包覆过渡金属钴及其合金的研究较少,并且包覆工艺不稳定。

1.3.2　玻璃纤维

玻璃纤维是一种性能优异的无机非金属材料,具有不燃、耐高温、耐腐蚀、吸湿小、化学稳定性好和伸长小等优良性能。玻璃纤维还具有一定的强度和导热性。

表面金属化的玻璃纤维具有兼容性好、质量轻等优点,可以用作电磁干扰屏蔽填充物,以及纤维增强金属复合材料。玻璃纤维本身是一种性能优异的无机非金属材料,具有耐高温、耐腐蚀、化学稳定性好等优良性能,作为增强性材料具有在未来吸波材料应用中的潜力[38-40]。

玻璃纤维表面金属化的方法很多,化学镀方法工艺设备简单、污染较低,可以在非导体基体上进行,因而得到人们重视。玻璃纤维表面金属化多以沉积镍基合金为主,比如 $Ni-Fe-P$,$Ni-Co-P$,$Ni-P$;也有少量在玻璃纤维表面沉积铜[7]的报道。近年来,由于对镀层要求的多样化,改善其金属特性也越来越受到人们重视,由于金属钴与铁一样具有很高的磁性能,且其居里温度达到 1 150℃,所以金属钴及钴基多元合金作为磁性材料和电磁屏蔽材料的研究日渐受到人们的关注,关于玻璃纤维表面化学镀钴基合金的研究逐渐增多,比如 $Co-P$,$Cu-Co-P$ 及 $Co-Ni-P$ 等。时刻等人曾在玻璃纤维表面化学镀 $Ni-Co-Fe-P$ 合金,研究少量金属铁对镀层导电性能的影响。目前关于玻璃纤维表面化学镀金属 Co 基 $Co-Fe-P$ 合金镀层的报道鲜有见到。本书经过优化实验获得了在玻璃纤维基体上碱性高温 $Co-Fe-P$ 合金化学镀工艺,并分析了 $Co-Fe-P$ 合金镀层对玻璃纤维在 8.2～12.4 GHz 波段电磁波反射损失的影响[41-43]。

1.4　磁性金属粉末材料

目前,磁介质吸波材料是使用频率最高的常温吸波材料,通过特殊处理在物体表面会形成特殊的涂层用以吸收电磁波,其特点是频率范围广、外观较薄,缺点是大部分磁性吸收剂只能在较低居里温度环境中发挥作用,居里温度较高时,吸收剂吸波性能会因磁性丧失而明显下降,故高温环境中不得使用常温电磁波吸收材料。电损耗型吸波材料能有效弥补磁介质吸波材料的缺陷,在低温和高温环境中均可用于吸收电磁波,但电损耗型高温吸波材料在低频段范围内无法达到良好的吸波效果,需要尽快寻找抗氧化性和耐高温性能优良的磁损耗型吸波材料,确保隐身效果的稳定性和持续性。

1.4.1　铁氧体磁性吸波材料

通常将某种或某几种金属元素与铁族复合形成的化合物称为铁氧体。从应用角度看,铁氧体被视为磁性介质;从导电性角度看,铁氧体被视为半导体。从介电特性角度看,铁氧体吸收和耗散电磁波携带能量的方式是电偶极矩随极化作用改变自身取向和转动,从而使飞行器隐身;从磁性角度看,自然共振是微波带分布的决定性因素,因各向异性是铁氧体磁晶的属性,会在铁氧体内部产生磁晶各向异性等效场,利用自然共振作用吸收电磁波携带的能量。产生磁滞损耗的材料类型是铁磁材料,产生电滞损耗的材料类型是铁电材料,通过复合铁磁材料和铁电材料使得雷达吸收材料同时具有电滞损耗和磁滞损耗,铁氧体凭借其吸收和耗散电磁波能量的特性在飞行器隐身领域中的应用十分广泛[44-47]。

对于铁氧体来说,其吸波性能存在以下三种影响因素。一是粒径尺寸,调整铁氧体粒径尺寸的方式有加入超细粉末、合成工艺改良、适当热处理、制备手段改良和元素取代等,铁氧体吸波材料的吸波性能与粒径尺寸成反比。相比微米级铁氧体,纳米级铁氧体具有更小的粒径尺寸,以及多种特殊性能,比如表面效应、小尺寸效应、量子尺寸效应和量子隧道效应等,活性明显增强,凭借多重散射效应和界面极化能明显改善吸波效果。二是相组成,必须将铁氧体制备工艺的中间产物、过渡相、杂相全部去除,才能使得铁氧体吸波性能最优化。三是形貌,铁氧体制备手段不同,形貌存在明显的差异,吸波性能也会所有差别。

常见的铁氧体形貌有球状、片状、棒状和针状等,其受铁氧体制备工艺环境和手段的影响。针状铁氧体的吸波性能最弱,出现团聚现象的可能性较大;棒状铁氧体比针状铁氧体好,优点在于其表现为各向异性,纳米级棒状铁氧体的吸波效果更好;片状铁氧体的吸波性能最好,是未来铁氧体形貌的趋势,典型代表是六方晶系磁铅石型铁氧体电磁波吸收材料,其结构表现为层片状,同时具有磁晶各向异性,形成的磁损耗正切角更大,吸波效果最优。球状铁氧体包括以下两种:一种是空心球,特点在于具有优良的化学性能和耐高温性能,质量轻,粒径小;另一种是实心球。铁氧体形貌不同时,电磁波散射作用和电磁参数均存在明显的差异,二者会影响铁氧体本身的吸波性能。在上述四种铁氧体形貌中,吸波性能最好的形貌是空心球和片状,这也是未来铁氧体形貌发展的趋势。但很难直接获取某种形貌的铁氧体,故必须尽快寻找特定形貌铁氧体的制备方法。

1.4.2 多晶金属纤维磁性吸波材料

常见的多晶金属纤维磁性吸波材料有合金纤维、镍、钴和铁等,与超细金属粉相比,多晶金属纤维的优点如下:一是表现为各向异性;二是吸波涂层面密度较低,在体积一定的条件下,质量减小范围在 $40\%\sim60\%$ 之间;三是吸波频率范围和吸波性能明显提升;四是电磁波入射角的大小不会影响多晶金属纤维磁性吸波材料的吸波性能。多晶金属纤维具有优良的导电性能和介电损耗吸收性能,通过磁滞损耗和涡流损耗两种方式损耗电磁波。将多晶金属纤维置于交变磁场环境中,会出现电磁感应现象,电子振动过程中以热能的形式将电磁波携带的能量耗散[27]。影响多晶金属纤维电磁参数的因素有径向介电常数和轴向磁导率,故改善多晶金属纤维吸波性能的关键在于长径比的提高[28]。

多晶铁纤维吸波材料的优点在于,具有较宽的吸波频带宽度(4~

18 GHz),面密度可减小到 $1.5\sim2\ \mathrm{kg/m^2}$,以及质量较小。通过改变分散剂比例、排列规则、纤维直径及长度对多晶铁纤维吸波材料电磁参数进行调整[23],故多晶铁纤维适用于雷达隐身,便于生成导电网络分布在吸波涂层内部,使得涂层吸波效果明显改善。

1.4.3　纳米磁性吸波材料

纳米材料粒子的最小直径是 1 nm,最大不超过 100 nm,纳米材料吸收电磁波的原理是多重散射和界面极化。同时,磁性纳米材料矫顽力很大,磁滞损耗严重[24],故纳米磁性吸波材料的优点在于优良的相容性和较宽的吸波频带,且其本身具有很小的厚度和密度,是一种新型吸波材料,研究价值较大。纳米组装体系、纳米颗粒膜、多层膜、超微颗粒及纳米颗粒是纳米磁性吸波材料常见的形态,其中纳米颗粒膜是相对多层膜而言的,颗粒分布无序,但是满足一定的统计学规律[41]。

现阶段,纳米磁性吸波材料正在朝着纳米复合吸波材料、纳米氧化物吸波材料、纳米陶瓷吸波材料、纳米合金和金属吸波材料及纳米磁性薄膜吸波材料等方向发展[32-33]。

纳米 Co 球(结构表现为中空多孔)、纳米多孔 Co(结构表现为棒状或菱形)、Co 花(结构表现为链状)、中空 Co 纳米链、Co 纳米颗粒等纳米磁性吸波材料已经被成功制备。单一纳米氧化物或金属粉的缺陷在于无法表现出优良的吸波性能和较宽的吸波频带,对此,科学家通过研制复合合金粉体对上述缺陷进行改善。

1.4.4　磁性金属微粉吸波材料

铁磁性金属粒子具有比较简单的磁晶结构,磁性、磁损耗和磁导率更高,热稳定性和吸波性能优良。微粉粒度可通过调整电磁参数进行更改,更容易满足频带宽度和阻抗匹配的要求。金属微粉包括羰基金属微粉和磁性金属微型两类:前者的粒度直径范围在 $0.5\sim20\ \mu\mathrm{m}$ 之间,羰基钴、羰基镍、羰基铁是比较常见的羰基金属微粉;后者的制备方法有热分解羰基化合物法、化学还原法、物理气相沉积法三种。CoNi,FeNi,Ni,Co 是比较常见的磁性金属微粉,粒度大小和组分是影响磁性金属微粉电磁参数的重要因素。现有的关于磁性吸收剂的文献资料中,羰基铁粉(CIP)磁性吸收剂的相关文章最广,研究最深入,应用领域最广。CIP 磁性吸收剂呈粉末状,黑色,圆球状,粒度范围在 $1\sim10~\mu m$ 之间,本身有磁性,对电磁波有吸收和衰减的功能,比表面积大。CIP 的初始形状为球状,通过球磨处理得到的 CIP 形状为层片状,CIP 的各向异性和宽厚比截然不同,Snoek 极限明显提升。

羰基铁粉是由五羰基合铁 $[Fe(CO)_5]$ 分解得到的,$Fe(CO)_5$ 被加热到 $70\sim80℃$ 时开始分解成 Fe 和 CO,在 $155℃$ 时大量分解,最后形成葱头状的羰基铁粉,所生成的羰基铁粉中含有碳、氧等杂质,主要为 α-铁,常见的羰基铁粉有球形和层片状两种形貌。羰基铁粉的介电常数随外场频率变化很小,磁导率随外场频率变化非常明显,在微波频段磁导率较高,磁导率实部、虚部频散特性好,在低匹配厚度条件下对雷达波有强烈的吸收效能,是典型的磁介质型吸波材料。羰基铁粉也是应用较早的一种磁性金属微粉吸波材料[48-49]。

CIP 密度较大,抗氧化性较差,在高温下容易被氧化成 Fe_2O_3 或 Fe_3O_4。CIP 被氧化会导致其吸波性能下降或者消失。另外,CIP 的颗粒直径较小,颗粒的表面能较大,相互之间的吸引力较大,会产生团聚作用,使 CIP 难以均匀分散在介质中,所以 CIP 在使用前要超声振荡破坏其团聚。

Fe 与 CO 在高温、高压下反应,生成五羰基铁油状物,经低压分离后得到羰基铁粉产品。在 $200℃,20~MPa$ 的条件下,羰基合成反应式如下:

$$Fe+5CO \Longrightarrow Fe(CO)_5$$

CIP 在 $300℃,0.1~MPa$ 的条件下分解为 Fe 和 CO,反应式为

$$Fe(CO)_5 \Longrightarrow Fe+5CO\uparrow$$

20 世纪 90 年代以后,对羰基铁粉微波吸收材料的研究非常活跃,从而推动了羰基铁粉在国防领域的应用。制备的羰基铁新型复合吸波涂料,已大量应用于隐形飞机、导弹等军用产品的外表吸波涂层。羰基铁粉的几个突出优点使其在较长时间内仍将是一种重要的吸波材料:

(1)工业化生产水平高,产量大,质量稳定。

(2)羰基铁粉具有磁导率高、磁损耗大、制备涂层薄等优点,是薄层吸波

涂层的首选吸收剂；

（3）羰基铁粉具有较高的居里温度（约 767℃），可制备较高使用温度的吸波涂层。

1. 羰基铁/聚合物涂层吸波材料

吸波材料按其使用功能可分为结构型吸波材料和涂层型吸波材料。结构型吸波材料集吸波与承载两方面功能于一体，并且有一定的可设计性，是隐身技术一个发展方向。涂层型吸波材料一般由吸波剂和黏结剂组成，只具有吸波功能，其中具有特定电磁参数的吸波剂是涂层的关键所在，直接决定了吸波涂层的吸波性能，而黏结剂是涂层的成膜物质，可以使涂层牢固附着于被涂物体表面上形成连续膜。

涂层型吸波材料中，多层雷达吸波材料因可设计自由度大、易于展宽频带、降低面密度、适宜于工程应用、理论相对成熟等特点得到了广泛研究。依据阻抗匹配原理设计的多层吸波材料，在吸波性能上较传统的单层吸波材料有较大提高，但因为涂层厚、质量大而影响了武器装备的使用性能；如果单一地减小吸波材料的厚度，将会导致雷达波来不及损耗就反射出吸波体之外，起不到吸收雷达波的作用。因此，在降低多层吸波材料厚度的同时，使其具有较强的雷达波吸收能力，并满足一定的工程应用需求，是目前吸波材料研究领域中亟待解决的一个难点。

2. 黏结剂的选择

吸波涂层常常被应用于飞机、导弹等武器系统的外表面，这些高空高速飞行器苛刻的使用环境要求吸波材料必须具有优良的力学性能。吸波涂层的基体在控制涂层形状及影响吸波材料反射率的同时还决定着吸波材料的主要力学性能与环境适应性能。

在涂层型吸波薄膜中，吸收剂是主体，决定了涂层吸波性能的好坏；黏结剂是基体，决定了吸收剂的加入量、吸收性能的强弱、涂层性能的好坏，它不仅使吸收剂均匀成膜，而且使其附着于所需隐身物体表面，从而使物体达到隐身的目的。为了满足飞行器隐身的要求，飞行器吸波涂层所使用的黏结剂一般应满足以下条件（以下数据为吸收剂体积含量为 50% 左右时的要求）：附着力（与铝合金）为 10～15 MPa；柔韧性为 10～15 mm；耐冲击强度为

50 cm；剥离强度为 100 N/cm；剪切强度为 10 MPa；适用温度为 −55～150℃。

据有关资料分析，国外用于吸波涂层的黏结剂有聚氨酯、环氧树脂、聚丙烯、聚氯乙烯、氯磺化聚乙烯、氯丁橡胶、硅橡胶以及聚酰亚胺等聚合物。国内研究技术较为成熟、综合性能较好、工艺稳定的黏结剂体系，有氯磺化聚乙烯、聚氨酯和环氧树脂体系。

通过控制聚合物的含量以及选择不同的聚合物，可以制备出屏蔽效能与金属相当的聚合物复合吸波涂层，同时通过聚合物基体的选择可以得到性能不同的复合涂层，这些吸波涂层可具有耐腐蚀、抗氧化、易加工等性能。聚酰亚胺是分子主链中含有酰亚胺基团的芳杂环高分子聚合物，是迄今为止耐热等级最高的高分子材料之一，聚酰亚胺聚合物材料在航空航天、机械、电子等高科技领域所体现的重要性归功于它的性能优异性和性能特殊性[50-52]。

（1）耐热性。

聚酰亚胺具有极强的耐热性，热重分析显示聚酰亚胺分解温度可达 500～600℃，是现阶段最稳定的聚合物之一。

（2）耐低温。

聚酰亚胺可以在极低的温度下（4 K）保持不脆裂。

（3）高机械性能。

均苯聚酰亚胺薄膜的抗张强度约为 250 MPa，而联苯聚酰亚胺薄膜的抗张强度可达 540 MPa。共聚酰亚胺所制得的纤维的抗拉伸强度可达 6 GPa，弹性模量可达 40 GPa。有些聚酰亚胺类纤维材料弹性模量可达 500 GPa，仅次于价格高昂的碳纤维。而且聚酰亚胺的热膨胀系数可达 $10^{-6}/℃$，几乎与金属同一水平，甚至一些个别的聚酰亚胺类产品的热膨胀系数仅为 $10^{-7}/℃$。

（4）耐酸性。

聚酰亚胺在有机酸、氧化剂和还原剂的环境中可以稳定存在。但一般的聚酰亚胺产品易水解于碱性条件，这个看似缺点的特性却赋予了聚酰亚胺一个当今世界极其注重的特性——环保可回收性。它可以在碱性条件下水解为原料二酐和二胺，并加以回收。经过改性的聚酰亚胺同样可以获得极高的抗水解性能,可以在 120℃的温度下保持 500 h 不分解。

(5)溶解性。

不同结构的聚酰亚胺可以溶于各种溶剂,也有些不溶于绝大多数有机溶剂。利用这个特性,研究人员可以根据不同的需求改变聚酰亚胺的结构来调整其溶解性,利于回收利用。

(6)耐辐射性。

聚酰亚胺薄膜吸收 5×10^7 Gy 的辐射量时仍然可以保持 85％以上的强度,而一种特制的纤维状聚酰亚胺经过更高强度的辐射依然可以保持 90％以上的强度。

(7)介电强度。

聚酰亚胺结构中有羰基与氨基,相邻的基团与醚键的共轭体系降低了分子的极性,使得聚酰亚胺有良好的绝缘性能。

(8)阻燃性。

聚酰亚胺的耐温性很高,即使燃烧,发烟率也会很低,而且聚酰亚胺具有自熄的特性,可以作为阻燃材料使用。聚酰亚胺突出的耐高温、介电性能和优良的抗辐射性,使其作为功能材料在吸波材料研究领域得到关注,尤其作为高温吸波材料基体时,聚酰亚胺显示出突出的优势。

3. 羰基铁表面防氧化

聚合物/金属复合材料要比聚合物/非金属复合材料的电磁屏蔽效能稍强一些,但是在耐腐蚀性能、耐氧化性能以及材料减重等方面具有较大差异。为了拓宽材料电磁屏蔽的频段范围,通常会采用两种或者两种以上的具有电磁屏蔽性能的填料进行掺杂,或者对金属吸收剂进行改性。

羰基铁粉具有较高的磁导率,在高于厘米波段的微波频带内使用,是一种很好的电磁波吸收剂。但羰基铁粉密度较大,难以分散,长期放置在空气中容易吸附空气中的氧和水而使铁缓慢氧化。随着电磁信息等技术的发展,常温下的电磁波屏蔽已满足不了需求。虽然羰基铁粉的温度稳定性较好,但由粉末铁的标准热分析图谱可以得出,羰基铁粉的氧化温度约为 200℃,说明羰基铁粉的抗氧化性较差[53-57]。在高温下,铁容易和氧发生化学反应生成 Fe_2O_3 或 Fe_3O_4。通过对以环氧改性有机硅为基体、羰基铁粉为吸收剂涂层的短期耐温前后的电磁参数及吸波性能的研究,发现羰基铁粉在短期的耐温后仍具备一定的吸波性能,但要保证羰基铁粉在经过长期耐温后仍能得到较好的吸波性能,则需对羰基铁粉作处理。因此,对羰基铁粉进行抗氧化处理就显得尤为重要。未经处理的洋葱头结构的羰基铁粉抗氧化能力最强,但经化学或机械处理后的羰基铁粉,原有结构被破坏,导致其抗氧化能力下降[58-61]。

当前,CIP 抗氧化改性处理的方式主要是沉积作用、表面化学反应、物理机械法三种,用这三种方法将功能增强材料包覆到目标吸波剂表面,以得到综合了各材料优势性能的复合材料。目前的研究证明,可以通过复合技术使羰基铁粉与其他物质反应形成核壳结构。针对羰基铁吸收剂,表面改性的目的除提高抗氧化性和抗腐蚀性外,还在于降低介电常数、改善阻抗匹配、改善铁粉的分散性、降低吸收剂密度等。表面化学反应主要包括无机包覆、有机包覆、表面氧化(钝化)三种。包覆材料可包括无机材料和有机材料。

目前,针对羰基铁的有机包覆主要采用偶联剂对羰基铁粉进行表面包覆改性,再在偶联剂改性羰基铁粉表面包覆一层聚合物,从而将壳层材料包覆在核心颗粒表面。包覆聚合物有聚苯胺树脂(PANI)、聚二甲基硅氧烷(PDMS)和环氧树脂等[62-65]。用偶联剂引入新的官能团,用—OH 等表面官能团与包覆材料进行缩聚反应,形成 Mcore—O—Mshell 键,从而在材料的表面形成阻隔空气的壳体,以提高材料的抗氧化性。对聚苯胺进行有机反应可制备出 CIP/PANI 复合材料,反应在 CIP 的表面形成纳米相氧化层,使得制备得到的复合吸波材料的磁损耗和介电损耗降低,阻抗匹配性提高,原始 CIP 的吸波性能提高,同时 CIP 的抗氧化性提高。

表面钝化(磷化)是通过将吸波材料表面氧化或腐蚀,在其表面形成氧化或腐蚀壳层,利用该壳层隔绝空气以阻止材料的氧化。但是吸波材料在处理过后,磁导率会降低,磁损耗受到影响。通过化学氧化法,CIP 表面 α-Fe 被氧化,生成四氧化三铁(Fe_3O_4),在 CIP 表面包覆一层磁性物质 Fe_3O_4,以达到在高温下防止氧气扩散,从而防止 CIP 被氧化的目的。Chunlei Yin 等人用 CO_2 来钝化 CIP,以提高片状 CIP 的抗氧化性能。热重分析发现,表面钝化处理的 CIP 的起始增重温度点比未钝化的 CIP 要高,其抗氧化能力更强[66]。

无机包覆的材料主要有金属单质及金属氧化物。单质材料包括金属钴、镍等,氧化物包括 SiO_2,SiC,ZnO 等。研究表明,可利用化学液相沉积法在 CIP 表面制备 Al_2O_3 纳米包覆层,包覆 Al_2O_3 后的 CIP 的抗氧化性有较大程度的提高。与原始 CIP 相比:Al_2O_3 包覆 CIP 复合吸波材料的电磁波吸收性有所提高;在 CIP 表面包覆磁性材料 Co,使 CIP 的抗氧化性提高,但对其吸波性能没有明显影响;采用正硅酸乙酯(TEOS)作为 SiO_2 源,以 3-氨丙基三乙氧基硅烷作为表面活性剂水解 TEOS,在 CIP 表面制备 SiO_2 包覆层,CIP 的抗氧化性能得到提高,而且电磁波吸收性能较未包覆前更好。通过非均匀成核与化学沉淀相结合,刘姣等人成功制备了具有核壳式结构的 $MgFe_2O_4$ 原位包覆 CIP 超细复合粉体。结果表明,用 $MgFe_2O_4$ 铁氧体对羰基铁进行表面改性,可以提高原始 CIP 的抗氧化性[67]。郭飞、杜红亮等人采用水热法制备了氧化锌包覆 CIP 核壳结构复合材料,由于形成的核壳结构隔绝了空气与 CIP,复合材料的抗氧化性能有了较大幅度提高。然而,改性对材料的吸波性能影响较小,与原始 CIP 相比,改性后 CIP 的反射损耗小于 -5 dB 的带宽几乎保持不变[68]。曹晓国和张海燕采用化学镀法,以甲醛为还原剂,制备镀银 CIP,结果表明:用该法制备得到的 Ag@CIP 表面的银层完整、致密,镀银后 CIP 的抗氧化性能明显提高;Ag@CIP 在 100 kHz~1.5 GHz 频率范围内有优于 -32 dB 的屏蔽效能[69]。

本书研究内容涉及的对羰基铁粉的防氧化处理,是通过化学镀法包覆磁性金属实现的。

1.5　化学镀技术及其特点

1.5.1　化学镀的基本原理

化学镀是利用一定的还原剂使镀液中的金属离子有选择地在经催化剂活化的表面上还原析出,形成金属镀层的一种化学处理方法,且在此过程中不需要外加电源。化学镀工艺的实质是氧化还原反应,反应过程中发生电子转移,且不需要外加电源[70]。

与电镀工艺相比,化学镀工艺还存在一定的不足之处,如镀液稳定性较差、成本较高等,但化学镀仍具许多优势:

1)不需要外加电源,仅需使用简单的镀覆设备,不受电力线分布不匀的影响;

2)镀液具有优异的分散能力,在不同形状的物体表面上均可沉积出均匀的化学镀镀层;

3)在同等厚度下,化学镀镀层比电镀层致密,外观良好,晶粒细致,孔隙率低,镀层几乎是镀覆基体的复制;

4)可用于制取非晶态合金材料和具有特殊功能的薄膜;

5)适用范围广泛,可在多种类型材料(如橡胶、陶瓷、玻璃、金属、木材、纤维及复合材料)上均匀沉积。

进行化学镀应满足以下条件:

1)基体表面具有催化活性,对于无催化活性的基体,在化学镀之前需进行预处理,使其表面具有催化活性;

2)被还原金属也应具有催化活性,使得沉积过程能够自发持续进行;

3)还原剂的氧化电位应低于氧化剂的平衡电位;

4)溶液本身不应自发发生氧化-还原反应,即金属的还原反应能够限定在被覆件的催化表面上进行,以免溶液自行分解;

5)可通过调节参数,如溶液 pH 值、温度等,实现自催化沉积过程的人为控制。

经活化后的基材成为活性中心,在加入活性粉体前镀液比较稳定,没有发生自发氧化-还原反应。因此,可通过化学镀在基材表面均匀包覆上 Co - B,Ni - B,Co - Ni - B 合金层。化学镀钴与镀镍机理类似,但由于钴的标准电位是 -0.28 V,比镍低,在用次磷酸盐作还原剂的酸性镀液中沉积速度缓慢,甚至得不到钴的镀层,只有在碱性镀液中沉积才有较高的速度,使反应得以正常进行。

1.5.2 化学镀工艺流程和工艺条件

化学镀的工艺比较复杂,基材一般要经过清洁、粗化及活化的前处理步骤,才能保证沉积镀层和基材之间有较好的结合力,不同基材的前处理过程有差别,一般的化学镀工艺流程为[71-72]:前处理(清洗除油→粗化→中和→活化)→还原→化学镀→清洗→(真空)干燥。

化学镀的工艺条件决定化学镀过程的速度以及镀层的质量和性质,基本工艺条件有以下几项。

(1)镀液化学成分。

化学镀溶液中主要成分的影响是十分重要而且是复杂多变的。化学镀实际操作中,不仅需要使某一化学成分维持在最佳范围内,而且需要使其他各种相关化学成分及工艺参数保持在相应的最佳范围之内。

(2)温度。

镀液温度对于镀层的沉积速度、镀液的稳定性以及镀层的质量均有重要影响。

化学镀镍的催化反应一般只能在加热条件下实现,许多化学镀镍的单个反应步骤只有在 50℃ 以上才有明显的反应速度,特别是酸性次磷酸盐溶液,操作温度一般都在 85～95℃ 之间。镀速随温度升高而增快,一般温度每升高 10℃,沉积速度就加快一倍。但需要指出的是,镀液温度过高,又会使镀液不稳定,容易发生自分解,因此应该根据实际情况选择合适的温度,并尽量保持这一温度。一般碱性镀液温度较低,它在较低温度的沉积速度比酸性镀液快,但温度增加,镀速提高不如酸性镀液快。

温度除了影响镀速之外,还会影响镀层质量。温度升高、镀速快,镀层中含磷量下降,镀层的应力和孔隙率增加,耐蚀性能降低,因此,化学镀镍过程中温度控制均匀十分重要。最好维持溶液的工作温度变化在 ±2℃ 内,若施镀过程中温度波动过大,会产生片状镀层,使镀层质量不好并影响镀层结合力。

(3)pH 值的影响。

pH 值对镀液、工艺及镀层的影响很大,它是工艺参数中必须严格控制的重要因素。

在酸性化学镀镍过程中,pH 值对沉积速度及镀层含磷量具有重大的影响。随 pH 值上升,镍的沉积速度加快,同时镀层的含磷量下降。pH 值变化还会影响镀层中的应力分布,pH 值高的镀液得到的镀层含磷低,表现为拉应力,反之,pH 值低的镀液得到的镀层含磷高,表现为压应力。

对每一个具体的化学镀镍溶液,都有一个最理想的 pH 值范围。化学镀镍施镀过程中,随着镍-磷的沉积,H^+ 不断生成,镀液的 pH 值不断下降,因此,生产过程中必须及时调整,维持镀液的 pH 值,使其波动范围控制在 ±0.2 范围之内。调整镀液 pH 值,一般使用稀释过的氨水或氢氧化钠,在搅拌的情况下谨慎进行。采用不同碱液调整镀液 pH 值时,其对镀液的影响也不同。用 NaOH 调整镀液 pH 值时,只发生酸碱中和反应,将反应过程中生成的 H^+ 中和掉;用氨水调整镀液 pH 值时,除了中和镀液 H^+ 外,镀液中的氨分子与镀液中的 Ni^{2+} 及络合剂还会生成复合络合物,降低镀液中游离的 Ni^{2+} 浓度,有效抑制亚磷酸镍的沉淀,提高镀液的稳定性。

(4)搅拌的影响。

对镀液进行适当的搅拌会提高镀液稳定性及镀层质量。首先,搅拌可防止镀液局部过热,防止补充镀液时局部组分浓度过高和部 pH 值剧烈变化,有利于提高镀液的稳定性。其次,搅拌加快了反应产物离开工件表面的速度,有利于提高沉积速度,保证镀层质量,镀层表面不易出现气孔等缺陷。但过度搅拌也是不可取的,因为过度搅拌容易造成工件局部漏镀,并使容器壁和底部沉积金属,严重时甚至造成镀液分解。

(5)装载量的影响。

镀液装载量是指工件施镀面积与使用镀液体积之比。化学镀镍施镀时,装载量对镀液稳定性影响很大,允许装载量的大小与施镀条件及镀液组成有关。每种镀液在研制过程中都规定有最佳装载量,施镀时应按规定投放工件并及时补加浓缩液,这样才能达到最佳的施镀效果。一般镀液的装载量在 $0.5 \sim 1.5 \ dm^2/L$。装载量过大,即催化表面过大,则沉积反应剧烈,易生成亚磷酸镍沉淀而影响镀液的稳定性和镀层性能;装载量过小,镀液中微小的杂质颗粒便会成为催化活性中心而引发沉积,容易导致镀液分解。因此,为保证施镀的最佳效果,应将装载量控制在最佳范围。

(6)化学镀液老化的影响。

化学镀溶液有一定的使用寿命。镀液寿命以镀液的循环周期来表示,即镀液中全部金属离子逐渐耗尽后补充金属离子至原始浓度为一个循环周期。随着施镀的进行,不断补加还原剂,但随着周期性的循环,沉积速度急剧下降,镀层性能变差,说明此时镀液已经达到寿命,应该废弃。

1.6　雷达吸波材料的吸波机理

雷达波吸波涂层应能有效地吸收入射雷达波,从而使其目标回波强度显著衰减。为达到这个目的,要满足两个条件:①阻抗匹配条件,即入射波能最大限度地进入材料内部而不被表面反射;②衰减条件,即进入材料内部的电磁波能迅速地被材料吸收衰减掉[73-74]。

单层的吸波涂层,其反射损耗 RL(dB)可以由复介电常数和复磁导率通过下式计算[75-76]:

$$Z_{in} = Z_0 \left(\frac{\mu_r}{\varepsilon_r}\right)^{\frac{1}{2}} \tanh\left[j\left(\frac{2\pi fd}{c}\right)(\mu_r\varepsilon_r)^{\frac{1}{2}}\right] \tag{1.1}$$

$$RL = 20\lg\left|\frac{Z_{in} - Z_0}{Z_{in} + Z_0}\right| \tag{1.2}$$

式中:Z_0 为自由空间的特征阻抗;Z_{in} 为吸波涂层的输入阻抗;f 为电磁波频率;d 为吸波涂层的厚度;c 为真空光速;μ_r 为相对介电常数;ε_r 为相对磁导率。

电磁波垂直入射时,电磁波在涂层表面的振幅反射率:

$$\rho = \frac{Z_{in} - Z_0}{Z_{in} + Z_0} \tag{1.3}$$

要使 $\rho = 0$,则有

$$Z_{in} = Z_0 \tag{1.4}$$

而

$$Z_0 = \sqrt{\mu_0/\varepsilon_0} = 1 \tag{1.5}$$

$$Z_{in} = \sqrt{\mu/\varepsilon} \tag{1.6}$$

式中:μ_0,ε_0 为自由空间的相对磁导率和相对介电常数,均为 1;μ,ε 为涂层的相对磁导率和相对介电常数。将式(1.5)和式(1.6)代入式(1.4),得 $\mu = \varepsilon$。

可见,要使阻抗完全匹配,即垂直入射的电磁波完全进入涂层,涂层的相对磁导率 μ 和相对介电常数 ε 要相等。但实际上还没有找到这种电磁参数的涂料,因此只能尽可能地使之匹配。

若要满足衰减条件,材料应具有足够大的介电常数虚部或足够大的磁导率虚部。吸波涂层对电磁波的吸收率可表示为

$$\alpha = 1 - e^{-2ad}$$

式中:α 为涂层的吸收率;a 为涂层的衰减常数;d 为涂层的厚度。

可见,要使电磁波完全衰减,即 $\alpha = 1$,a 或 d 必须为无限大。实际上没有 a 为无限大的涂料,d 为无限大也没有实用意义;并且 a 值大和阻抗匹配是矛盾的,一般涂料的 a 值越大,其本征阻抗越小,越难与自由空间的特征阻抗匹配。因此,进行设计时要根据实际需要尽可能满足阻抗匹配和衰减两个基本条件。

从式(1.1)~式(1.6)中也可以看出,微波在界面处的反射与在介质中的衰减均与吸波材料的微波介电常数和微波磁导率密切相关。在研究吸波材料时,实质上是通过组分、结构、形貌的设计来调整和优化材料的电磁参数,从而达到对入射电磁波尽可能多的吸收。因此,实现对吸收剂微波电磁参数的自由调控才是关键点。

第2章 实验方法简介

本书的研究工作对不同基材表面均采用化学镀方法包覆金属 Ni 及金属 Co 镀层。化学镀工艺基本相同,其前处理工艺对不同基材各有区别,对制备材料的性能表征、热分析方法以及电磁性能的测试所采用的仪器无区别。

2.1　实验用基材

实验中,需要实施化学镀的以下基体材料的表面均要经过前处理,使表面清洁、粗糙并具有自催化作用。

1)空心微珠,主要成分为 SiO_2 和 Al_2O_3,粒径为 $5\sim75\ \mu m$。

2)玻璃纤维,直径为 $23\ \mu m$ 左右。

3)碳纤维,直径为 $8\ \mu m$。

4)羰基铁,铁粉粒径为 $0.5\sim10\ \mu m$。

2.2　实验用药品和试剂

主要实验药品和试剂规格及生产厂商(来源)见表 2.1,主要实验仪器见表 2.2。

表 2.1　药品和试剂的规格以及生产厂商(来源)

名　称	分子式	规　格	生产厂商(来源)
钼酸铵	$(NH_4)_6Mo_7O_{24}\cdot4H_2O$	分析纯	成都御河化工厂
氯化钴	$CoCl_2\cdot6H_2O$	分析纯	沈阳试剂一厂
硫酸镍	$NiSO_4\cdot6H_2O$	分析纯	西安中信精细化工有限责任公司

续表

名　称	分子式	规　格	生产厂商(来源)
次亚磷酸钠	$NaH_2PO_2 \cdot H_2O$	分析纯	中国上海化学试剂公司
硼氢化钠	$NaBH_4$	分析纯	中国上海化学试剂公司
聚乙烯吡咯烷酮	$(C_9H_9NO)_n$	分析纯	湖南相中精细化学品厂
十六烷基三甲基溴化铵	$C_{16}H_{33}(CH_3)_3NBr$	分析纯	湖南相中精细化学品厂
丁二酸	$(CH_2COOH)_2$	分析纯	湖南相中精细化学品厂
氢氧化钠	$NaOH$	分析纯	天津市富禄化工试剂厂
无水乙醇	CH_3CH_2OH	分析纯	西安三浦精细化工厂
丙酮	CH_3COCH_3	分析纯	天津化学试剂六厂
浓盐酸	HCl	分析纯	西安化学试剂厂
浓硫酸	H_2SO_4	分析纯	西安化学试剂厂

表 2.2　主要实验仪器

仪器名称	型　号	产　地
电子天平	AEG - 220	日本岛津
恒温水浴锅	HH - 1	北京科委永鑫实验仪器设备厂
无级调速电动搅拌器	JJ - 1	江苏金坛市正基仪器有限公司
超声波振动器	KQ - 100	昆山超声仪器有限公司
数显真空干燥箱	876A - 2	上海浦东荣丰科学仪器有限公司
高速离心机	TGL - 16G	上海药用仪器厂
pH 计	pHS - 2	上海雷磁仪器厂
马弗炉	SXT	湘潭仪器仪表厂

2.3　分析测试手段与方法

分析测试手段与方法有以下几种：

1）JSM－5600LV 扫描电镜（SEM），微观形貌与尺度分析；

2）XSP－8C 生物显微镜，表面形貌分析；

3）JSM－5600LV 扫描电镜 EDS 能谱仪，表面成分分析；

4）Equinox 55 型傅里叶变换红外光谱仪（FTIR），表面成分分析；

5）D/max－2400 型 X 射线衍射仪（XRD），材料相组成和尺度分析；

6）TA－449C 型同步差示扫描量热仪（DSC），纳米"壳"晶化温度分析；

7）热震法与钢球研磨法，镀层结合力分析；

8）惠普 HP8510B 矢量网络分析仪，电磁参数测试。

采用波导法对制备样品在 X 波段（8.2～12.4 GHz）频率范围内的介电常数进行测试。考虑到石蜡的低介电损耗性，测试样品由纤维和石蜡组成，即将质量比为 70% 的测试样品均匀分散在熔融石蜡中，然后浇注到铜质法兰中制得样品，样品尺寸为 10.16 mm×22.86 mm×2 mm，测试设备为矢量网络分析仪（Agillent Technologies HP8510B）。

2.4　制　备　工　艺

在玻璃纤维、碳纤维、空心微珠及羰基铁粉表面化学镀包覆磁性金属的工艺过程采用滴加还原剂的方法进行，具体工艺流程如下：前处理（去胶→清洗→除油→粗化→清洗）→活化、敏化→解胶→还原→化学镀→清洗、干燥。

2.4.1　基本工艺条件的选择

粉体的制备工艺包括分散剂的选择、分离、洗涤和干燥等，这些因素对所制纳米粒子的分散性有很关键的影响，所以选择合适的工艺方式至关重要。

（1）分散剂的选择。

本书采用的羰基铁粉及空心微珠是微纳米粉体，制备过程中由于粒子的表面能作用，粉体易相互作用发生团聚，这对粉体的粒子性能造成影响。

1）团聚。由于纳米颗粒具有巨大的比表面积，所以也就有巨大的表面能。为了降低这种能量，团聚在所难免。有些团聚是由物理上的键合（如范德华力）引起的，称为软团聚；有些团聚是由化学上的键合（如氢键）引起的，称为硬团聚。设团聚前、后的总表面积为 S_1，S_2，单位面积的表面能为 γ，则分散剂状态粉末的总表面能为

$$G_1 = \gamma \cdot S_1$$

团聚后粉末总表面能为

$$G_2 = \gamma \cdot S_2$$

团聚前后表面自由能变化为

$$\Delta G = G_1 - G_2 = \gamma \cdot (S_1 - S_2)$$

显然 S_2 远小于 S_1，所以 $\Delta G < 0$，团聚过程是自发的。

因此，在粉体制备中选择好分散剂是至关重要的。

2）分散。根据胶体和表面化学原理，为使超微粒子在溶液中稳定而不团聚，用表面活性剂作为分散剂，其作用机理是：晶核形成后，分散剂的分子在晶核表面或晶粒表面形成一层包覆层，并产生空间位阻，使晶核之间和晶核与晶粒之间隔离，阻止晶粒的进一步长大，即增大胶体稳定性因子 w，最终可获得细小而均匀的超微金属粒子。这样，当超微金属粒子用于涂料、电子浆料和磁流体时，就可保证其不团聚而产生好的分散效果。

打开软团聚的方法有机械搅拌、磁力搅拌、气体搅拌和超声波分散等。对于硬团聚，除使用上述方法外，还必须针对它们的键合类型进行特殊处理。但这些方法都是在团聚形成后才采取的补救措施，实际上更为有效的措施是在纳米粉末的加工工程中使用表面活性剂，使制备出的粉体无法进行硬团聚。

根据一些参考文献的研究结论，本书中制备过渡金属硼化物粉体的工艺加入聚乙烯吡咯烷酮（PVP）作为分散剂，并对反应溶液进行高速搅拌，以达到化学和物理双重分散的目的。

（2）粉体的洗涤。

制备反应完全以后，要对粉体进行充分的洗涤、分离，最后进行干燥，才能得到干燥纳米粉体。如果粉体没有被洗干净，在从干燥箱中取出时，一些包覆剂容易使粉体黏结成块，还要加以碾磨。不同的制备工艺需要不同的洗涤方法：

1）蒸馏水洗涤。采用水溶剂的制备方法，并且没有分散剂等添加剂存在时，用大量的蒸馏水洗涤粉体即可。

2）乙醇洗涤。如果反应体系是有机溶剂，或者有分散剂（如 PVP）等添加剂存在时，还应该用乙醇等有机溶剂洗涤金属镍粉。

3）丙酮洗涤。Jones 和 Norman 认为，根据化学键理论纳米颗粒表面存在的与金属离子结合的非架桥羟基是产生硬团聚的根源，即相邻胶粒表面的非架桥羟基会发生如下反应形成化学键，引起纳米粉末的硬团聚。

$$Me—OH + HO—Me \longrightarrow Me—O—Me + H_2O$$

因此，消除纳米微粒表面与之相连接的羟基，将减少粉体的团聚。有机物（丙酮）清洗降低了纳米粉体的硬团聚。其原理为，有机溶剂官能团取代了胶粒表面部分非架桥羟基，起到了一定的空间位阻作用，同时降低了相邻颗粒表面金属离子间通过非架桥羟基脱水结合形成化学键的可能性，使硬团聚消除。

如果洗涤不彻底，粉体就不纯，大量的分散剂包覆在粉体的表面也会降低固体粉体的分散性，降低粉体的表面活性，所以选择合适的洗涤方式是很重要的。本书采用先乙醇洗，然后水洗，再用丙酮分散的工艺。

（3）粉体的分离。

粉体制备完毕后，需要将其从溶液中分离出来，粉体的分离是制备过程中的重要一步，本实验对离心分离、磁力沉降和自然沉降的三种方法进行了比较，结果如下：

1）离心分离。水溶液与粉体较易分离，但用乙醇作为溶剂较难分离，由于所制粉体表面包覆有分散剂，易溶于乙醇等有机溶剂，要把粉体与液体分开，可以采用提高离心分离机转速的方法。粉体分离在离心分离机的塑料管中进行，由于粉体具有吸附性，会有一部分粉体粘在管壁上，造成一定的浪费,所以可以采用玻璃管进行粉体分离。

2)磁力沉降。参阅一些文献可知 Ni-B 粉体带有一定的磁性,可以利用这一性质对它进行分离。将反应完毕的溶液放在磁性仪器(比如磁力搅拌器)上,发现粉体只能与上层溶液分离开来,但时间较长,而且在一定的时间内不能彻底分离。但磁力沉降比自然沉降速度快,可以在大量分离粉体时采用,也可以加强仪器磁性等。

3)自然沉降。显然此种方法需要时间较长,如果要求对粉体洗涤次数较多时,消耗时间更长。该方法的优点是较经济。

本书采用离心分离的方式对粉体进行分离。

(4)粉体的干燥。

制备工艺对粉体的干燥条件要求较高,因为粉体的粒径已经达到纳米级,而随着粉体粒径的减小,粉体对温度的变化变得敏感,温度过高,粉体极易氧化。以下对真空干燥和喷雾干燥进行了选择比较。

1)真空干燥。一般粉体真空干燥温度控制在 40℃,不易太高,当温度高于 50℃时,粉体易被点燃;干燥时间一般在 6～8 h,时间较长。粉体氧化量小,如果洗涤干净,粉体颗粒均匀,不易黏结。

2)喷雾干燥。喷雾干燥与真空干燥相比,速度快,分离和干燥一次完成,方便快捷,但是干燥器装置必须洁净干燥,否则粉体容易潮湿,不纯,粉体也不能有团聚,否则输液管会被堵塞;大量粉体因在喷雾过程中黏结在干燥容器的内壁而损失掉;由于干燥过程是在空气中进行而且粉体的粒径很小,制出的粉体颜色多为灰色,说明粉体被氧化。

本书采用真空干燥的方式对粉体进行干燥。

综上可知,分离、干燥的方法要根据条件选取,目前实验室制备粉体的量不多,一般采用离心分离和真空干燥。

2.4.2　基体前处理

(1)碳纤维前处理。

1)去胶。去胶是除去附在碳纤维表面的有机杂质和脏物,以保证后道工序中镀液的稳定性和提高镀层的结合力。采用高温灼烧法是将纤维束放入马弗炉内灼烧,去掉碳纤维表面的有机黏结剂。其最佳去胶条件为:400℃,灼烧 30 min。在 400℃ 高温下对碳纤维进行去胶 30 min,取出碳纤维冷却后,去除碳纤维上黏附的胶质,并用蒸馏水清洗干净、晾干。图 2.1 和图 2.2 为去胶前后碳纤维放大 3 000 倍的 SEM 图,可见去胶 0.5 h 后碳纤维表面较光洁。

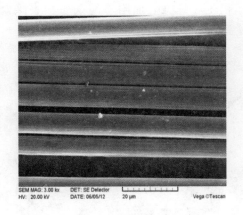

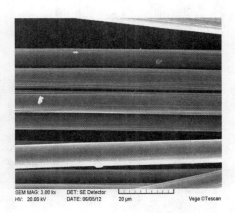

图 2.1　未处理碳纤维　　　　　　图 2.2　除胶 30 min 碳纤维

2)清洗除油。除油条件:50～60 g/L 氢氧化钠,15 g/L 碳酸钠,30 g/L 磷酸钠,温度 40～50℃,时间 30～40 min,并用超声波清洗。除油后,必须多次清洗,并在稀硫酸中浸泡 1 次以中和残余的碱,避免带入下一步,影响粗化液的使用寿命。

(2)粗化和中和。

粗化使得碳纤维表面呈现微观的粗糙,增大金属镀层与碳纤维的接触面积,并使碳纤维表面由憎水体变为亲水体,增强镀层与基体的结合力。粗化条件:200 g/L 过二硫酸铵,100 mL/L 硫酸($d = 1.84$ g/cm^3),室温,时间 15 min。用 10% 的 NaOH 溶液中和粗化后残留在碳纤维表面低凹处的酸,避免残留的酸对敏化液的影响。图 2.3 和图 2.4 为粗化前后碳纤维放大 3 000 倍的 SEM 图,可见粗化后纤维表面的纹理更多、更细密,有利于镀层的附着。

(3)玻璃纤维前处理。

1)丙酮除胶。首先配制体积分数为 30%～70% 的丙酮溶液,将玻璃纤维剪短放置其中,浸泡 5～6 h。

2)除油、粗化。将已经去过胶的玻璃纤维清洗干净后,再用无水乙醇加超声波除油 10 min,然后将其放入已经配制好的粗化液中粗化,粗化条件:氟化铵 20 g,蒸馏水 200 mL,室温,时间为 15 min。图 2.5 和图 2.6 为玻璃纤维粗化前后放大 2 000 倍的 SEM 图,粗化后纤维表面附着的杂质被去除,表面呈现更加均匀的微观粗糙度。

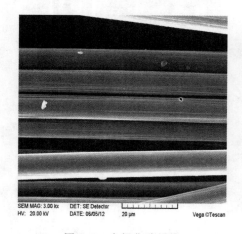

图 2.3　未粗化碳纤维

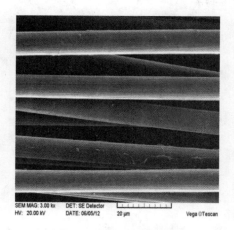

图 2.4　粗化后的碳纤维

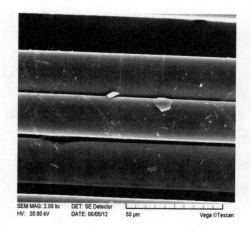

图 2.5　未粗化玻璃纤维

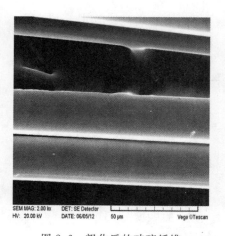

图 2.6　粗化后的玻璃纤维

3)空心陶瓷前处理。空心微珠在进行化学镀之前必须清洗,以去除表面油污和杂质。通常采用酸洗或碱洗以去除微珠表面油污和杂质,增加粉末颗粒的表面活性。粗化的目的是使空心微珠表面形成无数微小凹面,由于这些凹面表面附着力大,有利于贵金属的吸附,便于化学镀的进行。强碱能与空心微珠中二氧化硅发生反应,达到粗化的目的,又能去除杂质。因此本书采用浓 NaOH 溶液预处理空心微珠,达到纯化和粗化的目的。超声波清洗是粉体预处理过程中不可或缺的一个步骤,如果处理的效果不理想,将会影响到空心微珠化学镀表面镀层的质量和其他性能。

碱洗条件:NaOH 2 mol/L,室温,5 min。碱洗之后的空心微珠用蒸馏水洗涤,抽滤,至上层清液达到中性;然后将洗涤过的微珠粉体放入乙醇中超声分散 30 min,这样不仅可以进一步去除微珠粉体表面残留的有机杂质,增加粉体表面活性,还可以打破颗粒之间的团聚,有利于粉体均匀分散在溶液中。

图 2.7 和图 2.8 分别为粗化前和粗化后的空心微珠的 SEM 图像,可以看出,经过碱洗后的微珠表面比较干净,微珠的分散性比较好,且由于 NaOH 对二氧化硅的腐蚀作用,提高了微珠表面的粗糙程度。

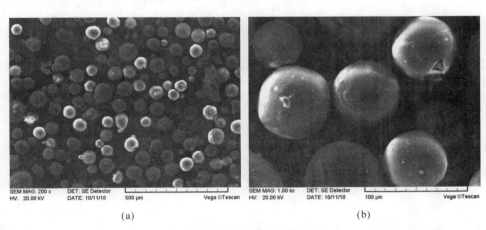

(a)　　　　　　　　　　　　　　　　　(b)

图 2.7　碱洗前的空心微珠

(a)放大至 200 倍;　(b)放大至 1 000 倍

4)羰基铁粉前处理。多次实验表明,如果不经预处理,羰基铁粉很难均匀活化成功,其表面可能有氧化物及有机物分散质。本书研究发现,采用快速酸化的方法可以除去其表面的氧化物及有机物分散质。将羰基铁粉加入

1 mol/L 的稀盐酸中快速搅拌 1 min,再快速向其中加入 10％的氨水中和过量的盐酸,至铁粉表面无气泡产生,依次用自来水和蒸馏水洗涤至中性,处理好的铁粉直接进行活化步骤,不需干燥。

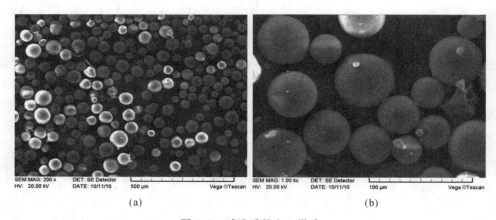

图 2.8　碱洗后的空心微珠
(a)放大至 200 倍；　(b)放大至 1 000 倍

2.4.3　敏化和活化

本实验采用敏化、活化一步法进行,将已粗化清洗过的碳纤维放入敏化、活化液中浸泡 6～10 min,取出进行下一步还原。活化液的配制:氯化钯0.25 g,氯化亚锡 14 g,氯化钠 80 g,浓 HCl 25 mL,蒸馏水 500 mL,常温,3～5 min。

2.4.4　还原

用氯化钯活化清洗后,接着需要进行还原处理。还原处理的目的是为了除去碳纤维表面残留的活化液(Pd^{2+}),防止将之带入镀液中,这些离子进入镀液后会导致溶液的提前分解,很快使镀液失效或者在不同程度上影响沉积的效果。还原处理还可以使表面催化活性增强,进一步加快沉积速度。将碳纤维放入还原液中浸泡 1 min 再取出。还原液的配制:次亚磷酸钠 2～5 g,

蒸馏水 100 mL,常温,1~2 min。

2.4.5　化学镀

基材经过严格的前处理工艺并经活化后,放入已经配制好的温度和酸碱度均已经调节好的镀液中;缓慢搅拌,1~2 min 后,基材上出现白色金属(粉体表面发黑),并有大量的气泡冒出时,化学镀的诱导期完成;进入快速镀覆过程,需机械控制搅拌速度防止气泡大量沉积在基材上,影响镀层的均匀及平整度。为保证施镀过程的延续,需检测和调节镀液酸碱度,通过镀覆时间来控制施镀过程的平均速度。

2.4.6　优化的化学镀工艺配方

以合成磁性金属为"壳"、非金属空心陶瓷微粒为"核"的核壳结构材料为启发点,通过大量优化实验,成功合成"壳"为不同组元(镍磷、钴磷等)的多种核壳结构磁性金属-空心陶瓷颗粒材料,得到了多种稳定的核壳结构磁性金属-空心陶瓷材料化学合成工艺配方。

为扩展以上配方的普适度,选择在复合型雷达身材料中应用广泛、吸波性能优异的磁损耗型的吸波填料——羰基铁粉以及研究较多的非金属吸波填料,以玻璃纤维和碳纤维为"核"体,采用核壳结构磁性金属-空心陶瓷材料化学合成工艺配方在"核"体表面沉积不同组元的纳米尺度薄膜和多层膜"壳"。实验结果证明,经过对核壳结构磁性金属-空心陶瓷颗粒化学合成工艺的 pH 值、温度等条件进行调整,此配方可成功在羰基铁粉、玻璃纤维和碳纤维等"核"体表面沉积不同组元的纳米尺度薄膜和多层膜"壳"。通过大量的重复性实验和对所制备的核壳结构材料的性能分析,证明所得的系列化学合成工艺配方可以应用于空心陶瓷、羰基铁粉、玻璃纤维、碳纤维等多种吸波添加材料的表面改性合成实验,因此本研究基本确定了相对普适的核壳结构材料的制备工艺配方及工艺条件,见表 2.3。

表 2.3 普适的化学镀工艺配方

核壳结构材料		Ni - P 化学镀	Ni - B 化学镀	Co - P 化学镀	Co - B 化学镀	Co - Fe - P 化学镀
镀液成分	$NiSO_4 \cdot 6H_2O/(g \cdot L^{-1})$	28	26			
	$CoCl_2 \cdot 6H_2O/(g \cdot L^{-1})$			12	12	11
	$FeSO_4 \cdot 7H_2O/(g \cdot L^{-1})$					1.5
	$NaH_2PO_2 \cdot H_2O/(g \cdot L^{-1})$	26		22		21
	$NaBH_4/(g \cdot L^{-1})$		1		2	
	柠檬酸钠/$(g \cdot L^{-1})$	50	90	60	80	60
	$Pb(NO_3)_2/(g \cdot L^{-1})$		2		2	
	$C_9H_9NO)_n/(mg \cdot L^{-1})$	3	3	3	3	3
	$NH_4Cl/(g \cdot L^{-1})$	40		27		27
工艺条件	pH 值	8.5～9.5	11～12	10～11	10～11	10～11
	温度/℃	35	85～90	85	80～85	85

第3章 碳纤维核壳结构吸波材料的制备、表征和吸波性能测试

本章以碳纤维核壳结构吸波材料的制备工艺研究和表征为主要内容。采用波导法对制备样品在 X 波段(8～12 GHz)频率范围内的电磁参数进行测试。考虑到石蜡的低介电损耗性,测试样品由纤维和石蜡组成,即将质量比为 10％的测试样品均匀分散在熔融石蜡中,然后浇注到铜质法兰中制得样品,样品尺寸为 10.16 mm×22.86 mm×2 mm,测试设备为矢量网络分析仪(Agillent Technologies HP8510B)。

3.1 碳纤维表面化学镀镍磷合金

图 3.1(a)(b)(c)分别为碳纤维表面碱性化学镀镍磷合金 0.5 h,1.0 h,1.5 h 后纤维表面和横截面放大 3 000 倍的 SEM 照片。由图可知,纤维表面完全包覆了镀层,但随着时间的增加镀层表面有鼓包现象,1.5 h 后镀层出现了明显的开裂和脱落,说明随着镀覆时间增加,镀层由于变厚而应力增加,影响了镀层与基体纤维的结合力。图 3.1(d)和表 3.1 与表 3.2 是镀覆 0.5 h 在镀层(谱图 3)和纤维(谱图 2)处的 EDS 能谱图和元素分布表,能谱图和表 3.1、表3.2说明碳纤维表面包覆的是镍磷合金镀层。

表 3.1 碳纤维表面镍磷合金镀层的元素分布表

元素	质量百分比/(%)	原子百分比/(%)
C	12.00	38.69
P	5.54	6.93
Ni	82.46	54.38
总量	100.00	100.00

表 3.2　碳纤维表面的元素分布表

元素	质量百分比/(%)	原子百分比/(%)
C	94.17	98.75
Ni	5.83	1.25
总量	100.00	100.00

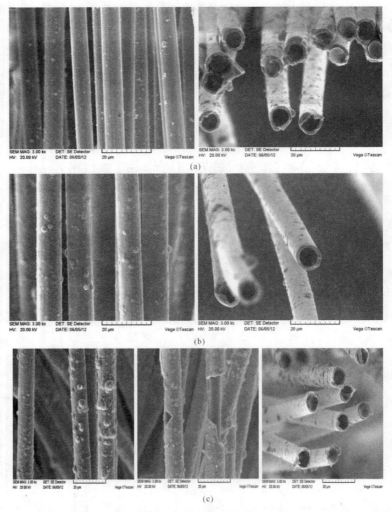

图 3.1　碳纤维表面碱性化学镀镍磷合金的 SEM 和 EDS 图

(a)化学镀 0.5 h 的 SEM 图；　(b)化学镀 1.0 h 的 SEM 图；　(c)化学镀 1.5 h 的 SEM 图

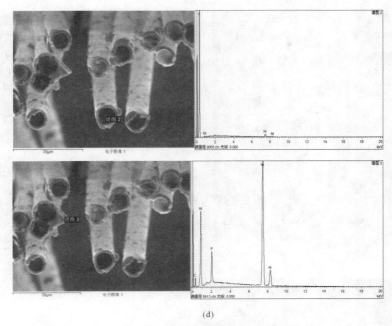

(d)

续图 3.1　碳纤维表面碱性化学镀镍磷合金的 SEM 和 EDS 图
(d)化学镀 0.5 h 的镍磷合金镀层和纤维的能谱图

3.2　碳纤维表面化学镀钴磷合金

图 3.2(a)为碳纤维表面碱性化学镀钴磷合金 0.5 h 后纤维表面和横截面放大 3 000 倍的 SEM 照片。由图可知,纤维表面钴磷镀层包覆完整。

图 3.2(b)和表 3.3 是镀覆 0.5 h 在镀层的 EDS 能谱图和元素分布表,能谱图和表 3.3 说明碳纤维表面包覆的是钴磷合金镀层。

表 3.3　碳纤维表面钴磷合金镀层的元素分布表

元素	质量百分比/(%)	原子百分比/(%)
C	3.79	15.90
P	2.28	3.71
Co	93.93	80.39
总量	100.00	

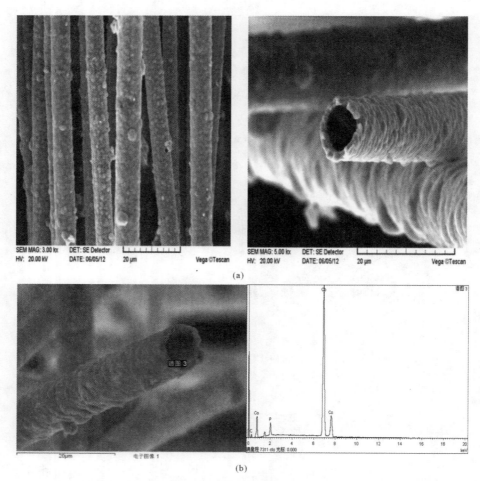

图 3.2　碳纤维表面碱性化学镀钴的 SEM 和 EDS 图
(a)化学镀钴磷合金 0.5 h 的 SEM 图；　(b)化学镀钴磷合金 0.5 h 镀层截面和能谱图

3.3　碳纤维表面化学镀钴铁磷合金

图 3.3(a)为碳纤维表面碱性化学镀钴铁磷合金 0.5 h 后纤维表面和横截面放大 3 000 倍的 SEM 照片。由图可知,纤维表面钴铁磷合金镀层包覆完整。图 3.3(b)和表 3.4 是镀覆 0.5 h 镀层的 EDS 能谱图和元素分布表,

能谱图和表 3.4 说明碳纤维表面包覆的是钴铁磷合金镀层。

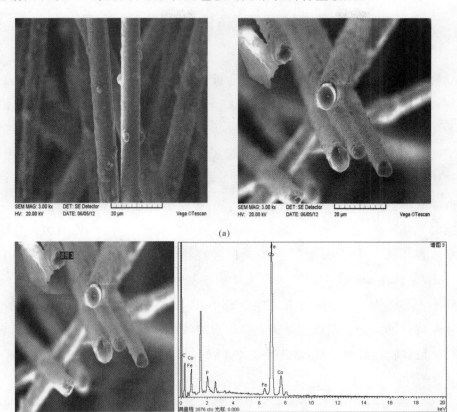

(a)

(b)

图 3.3　碳纤维表面碱性化学镀钴铁磷合金的 SEM 和 EDS 图

(a)化学镀钴铁磷合金 0.5 h 的 SEM 图；　(b)化学镀钴铁磷合金 0.5 h 镀层和纤维的能谱图

表 3.4　碳纤维表面钴铁合金镀层的元素分布表

元素	质量百分比/（%）	原子百分比/（%）
C	25.64	62.34
P	1.72	1.62
Fe	2.21	1.16
Co	70.42	34.89
总量	100.00	

3.4 镀层对碳纤维电磁性能的影响

材料的电磁性能采用矢量网络分析仪进行分析,吸收剂的添加量为10％,黏结剂为切片石蜡,试样尺寸为 22.86 mm×10 mm×2 mm,测试波段为 8～12 GHz。

图 3.4(a)(b)(c)(d)分别为空白、镀镍磷合金 0.5 h、镀钴磷合金 0.5 h、镀钴铁磷合金0.5 h碳纤维的电磁波反射率曲线。在 X 波段(8～12 GHz),空白碳纤维的反射率在−2～−3 dB 之间;镀钴磷合金和钴铁磷合金的碳纤维反射率基本在−3～−4 dB 之间,相比未化学镀前变化不大,铁的加入对反射率改善不大;但镀镍磷合金 0.5 h 碳纤维的电磁波反射率基本小于−4 dB,尤其在 8～10 GHz 波段最大反射率基本都小于−5 dB,在 8 GHz,反射率小于−8 dB。由于吸收剂添加量较小,测试的反射率绝对值总体较小。总体而言镀镍磷合金层较镀钴磷合金层对碳纤维的电磁参数影响明显,镀镍磷合金层使得碳纤维在 X 波段的吸波性能有所提高。

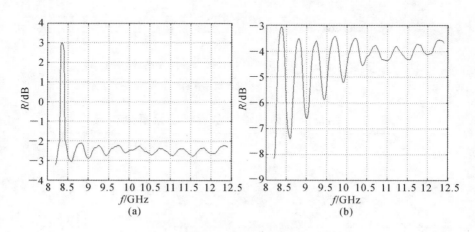

图 3.4 镀层对碳纤维电磁性能的影响

(a)碳纤维空白; (b)碳纤维镀镍磷合金 0.5 h

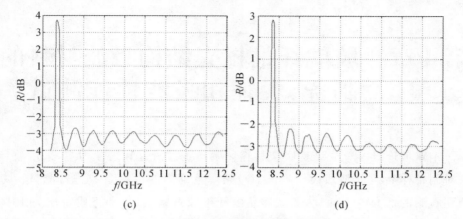

续图 3.4　镀层对碳纤维电磁性能的影响
(c)碳纤维镀钴磷合金 0.5 h；　(d)碳纤维镀钴铁磷合金 0.5 h

第4章 玻璃纤维核壳结构吸波材料的制备、表征和吸波性能测试

本章玻璃纤维核壳结构吸波材料以制备工艺研究和表征为主,采用波导法对制备样品在 X 波段(8~12 GHz)频率范围内的电磁参数进行测试。考虑到石蜡的低介电损耗性,测试样品由纤维和石蜡组成,即将质量比为 10% 的测试样品均匀分散在熔融石蜡中,然后浇注到铜质法兰中制得样品,样品尺寸为 10.16 mm × 22.86 mm × 2 mm,测试设备为矢量网络分析仪(Agillent Technologies HP8510B)。

4.1 玻璃纤维表面化学镀镍磷合金

图 4.1(a)为玻璃纤维表面碱性化学镀镍磷合金 0.5 h 后纤维表面和横截面放大 3 000 倍的 SEM 照片。由图可知,纤维表面完全包覆了镀层。图 4.1(b)和表4.1是镀覆 0.5 h 在镀层(谱图 3)和纤维(谱图 2)处的 EDS 能谱图和元素分布表,能谱图和表 4.1 说明玻璃纤维表面包覆的是镍磷合金镀层。

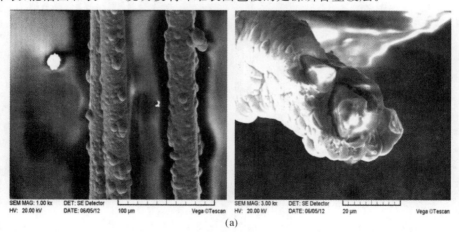

(a)

图 4.1 玻璃纤维表面碱性化学镀镍磷合金的 SEM 和 EDS 图

(a)化学镀镍磷合金 0.5 h 的 SEM 图

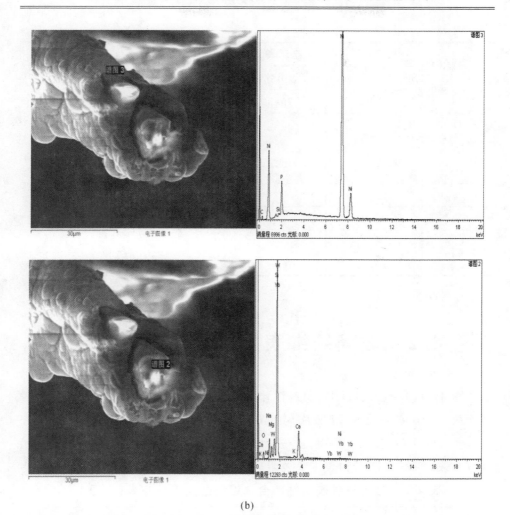

(b)

续图 4.1　玻璃纤维表面碱性化学镀镍磷合金的 SEM 和 EDS 图

(b)化学镀镍磷合金 0.5 h 镀层和纤维的能谱图

表 4.1　玻璃纤维表面(谱图 3)及镍镀层(谱图 2)的元素分布表

元素	玻璃纤维镍镀磷合金层表面		玻璃纤维表面	
	质量百分比/（%）	原子百分比/（%）	质量百分比/（%）	原子百分比/（%）
Si	4.22	16.54		
P	4.62	7.32		

续表

元素	玻璃纤维镍镀磷合金层表面		玻璃纤维表面	
	质量百分比/(%)	原子百分比/(%)	质量百分比/(%)	原子百分比/(%)
Ni	91.16	76.14	1.32	0.58
O			14.83	24.08
Na			7.36	8.32
Mg			3.84	4.11
Si			57.12	52.84
K			0.79	0.52
Ca			14.73	9.55
总量	100.00			

4.2 玻璃纤维表面化学镀钴磷合金

图 4.2(a)为玻璃纤维表面碱性化学镀钴磷合金 0.5 h 后纤维表面和横截面放大 3 000 倍的 SEM 照片。由图可知,纤维表面完全包覆了镀层。

图 4.2(b)和表 4.2 是镀覆 0.5 h 在镀层(谱图 1)处的 EDS 能谱图和元素分布表,EDS 能谱图和表 4.2 表明玻璃纤维表面包覆的是钴磷合金镀层。

表 4.2 玻璃纤维表面钴磷合金镀层的元素分布表(谱图 1)

元素	质量百分比/(%)	原子百分比/(%)
O	0.35	1.20
Si	5.63	10.84
Ca	4.90	6.62
Co	89.12	81.34
总量	100.00	

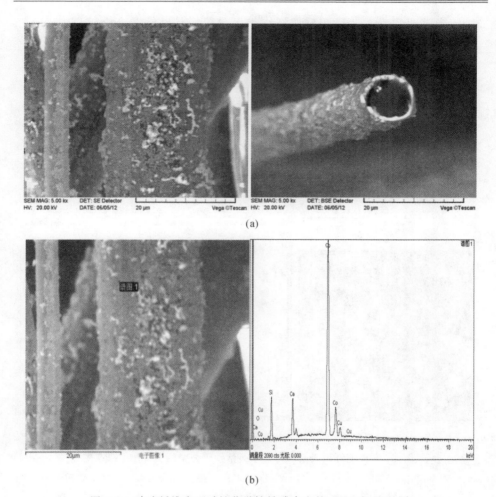

图 4.2 玻璃纤维表面碱性化学镀钴磷合金的 SEM 和 EDS 图

(a)化学镀钴磷合金 0.5 h 的 SEM 图； (b)化学镀钴磷合金 0.5 h 镀层的能谱图

4.3 玻璃纤维表面化学镀钴铁磷合金

图 4.3(a)为玻璃纤维表面碱性化学镀钴铁磷合金 0.5 h 后纤维表面和横截面放大 3 000 倍的 SEM 照片。由图可知,纤维表面完全包覆了镀层。图 4.3(b)和表 4.3 是镀覆 0.5 h 在镀层(谱图 3)处的 EDS 能谱图和元素分

布表,能谱图和表 4.3 说明玻璃纤维表面包覆的是钴铁磷合金镀层。

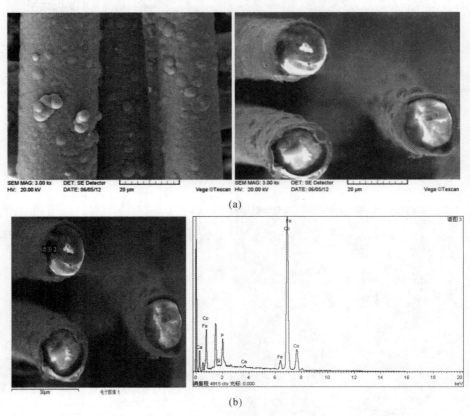

(a)

(b)

图 4.3　玻璃纤维表面碱性化学镀钴铁磷合金的 SEM 和 EDS 图

(a)化学镀钴铁磷合金 0.5 h 的 SEM 图;　(b)化学镀钴铁磷合金 0.5 h 镀层的能谱图

表 4.3　玻璃纤维表面钴铁磷合金镀层的元素分布表(谱图 3)

元素	质量百分比/(%)	原子百分比/(%)
P	5.09	9.31
Fe	4.50	4.67
Co	90.41	86.02
总量	100.00	

4.4　镀层对玻璃纤维电磁性能的影响

材料的电磁性能采用矢量网络分析仪进行,吸收剂的添加量为 10%,黏结剂为切片石蜡,试样尺寸为 $22.86~\text{mm}\times10\text{mm}\times2~\text{mm}$,测试波段为 X 波段($8\sim12~\text{GHz}$)。

图 4.4(a)(b)分别为空白、镀钴磷合金 0.5 h 玻璃纤维的电磁波反射率曲线。在 X 波段($8\sim12~\text{GHz}$),空白玻璃纤维的反射率基本大于 $-1.0~\text{dB}$,镀钴磷合金玻璃纤维反射率基本小于 $-3~\text{dB}$。在 $8\sim10~\text{GHz}$ 波段镀钴磷合金玻璃纤维的反射率较镀前变化较大,反射率在镀钴磷合金后平均减小 5 dB,可见钴磷合金镀层对玻璃纤维的吸波性能有所改善。

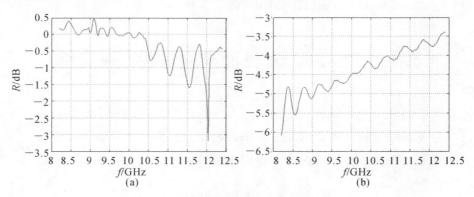

图 4.4　镀层对玻璃纤维电磁性能的影响

(a)玻璃纤维空白；　(b)玻璃纤维镀钴磷合金 0.5 h

第 5 章 空心微珠核壳结构吸波材料的制备、表征和吸波性能测试

本章以空心微珠核壳结构吸波材料的制备工艺研究和表征为主要内容，采用波导法对制备样品在 X 波段(8～12 GHz)频率范围内的电磁参数进行测试。考虑到石蜡的低介电损耗性，测试样品由纤维和石蜡组成，即将质量比为 10％的测试样品均匀分散在熔融石蜡中，然后浇注到铜质法兰中制得样品，样品尺寸为 10.16 mm×22.86 mm×2 mm，测试设备为矢量网络分析仪(Agillent Technologies HP8510B)。

5.1 空心微珠表面化学镀钴磷合金

空心微珠化学镀钴磷合金是利用合适的还原剂将溶液中的钴离子还原，沉积包覆在经过处理的微珠粉末粒子的表面。在整个化学镀的过程中，金属离子钴于适当的条件下在溶液中得到电子被还原成金属粒子。

5.1.1 活化对镀层质量的影响

图 5.1(a)(b)分别为活化不充分和活化充分时微珠表面钴磷合金镀层的 SEM 图(放大倍数为 500 倍和 2 000 倍)，化学镀方法为一般液相化学镀法，镀覆时间为 40 min。图 5.1(a)为活化不充分的微珠镀钴磷合金镀层的形貌图，微珠表面镀层覆盖不完整；图 5.1(b)为活化充分的微珠镀钴磷合金镀层的形貌图，可见表面钴磷合金镀层覆盖完全。由此可知，活化效果是影响微珠粉体表面镀层的重要因素，在充分清洁基体的基础上使得基体充分活化(保证活化时间)是保证完整覆盖镀层的主要因素。图 5.1(c)和表 5.1 是镀覆 40 min 微珠表面镀层的 EDS 能谱图(谱图 1)和元素分布表，能谱图和

表 5.1 说明微珠表面包覆的是钴磷合金镀层。

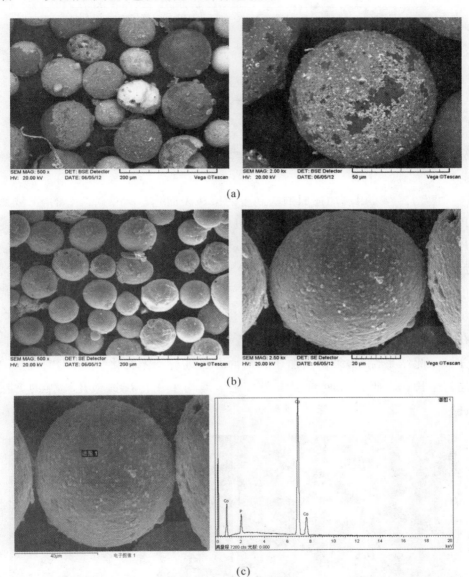

图 5.1 空心微珠表面碱性化学镀钴磷合金的 SEM 和 EDS 图

(a)活化不充分的微珠 SEM 图像; (b)活化充分的微珠 SEM 图像;

(c) 化学镀钴磷合金 40 min 空心微珠的能谱图

表 5.1　空心微珠表面钴磷合金镀层的元素分布表

元素	质量百分比/(%)	原子百分比/(%)
P	4.24	7.77
Co	95.76	92.23
总量	100.00	

5.1.2　化学镀方法对镀层质量的影响

　　图 5.2 为采用滴加还原剂法制备的微珠表面化学镀钴磷合金的 SEM 照片。与图5.1的采用一般液相化学镀法制备的微珠表面化学镀钴磷合金的照片比较,可见滴加法制备微珠表面镀层非常不均匀。经过多次实验发现,滴加法进行粉体化学镀不能保证镀层的均匀,可能是由于滴加的还原剂在溶液中混合不均匀导致镀层的生长不均匀。另外,采用滴加法时,滴加还原剂或氧化剂的浓度比较低,为了保证反应进行,反应的温度或 pH 值都比较高。在此条件下反应,如果搅拌不及时或者镀液装载稍降低,极易导致镀液的自分解。此结果说明,采用滴加还原剂的方法进行粉体的化学镀,影响镀层的均匀生长。本研究后面的粉体表面化学镀均采用传统镀液化学镀的方法进行。

图 5.2　滴加还原剂法制备微珠表面钴磷合金镀层的 SEM 图像

5.2　空心微珠表面化学镀镍磷合金

　　图 5.3(a)为空心微珠表面碱性化学镀镍磷合金 40 min 后微珠表面放大 500 倍和 2 000 倍的 SEM 照片。由图可知,微珠表面完全包覆了镀层。图 5.2(b)和表 5.3 是镀覆 40 min 镀层的 EDS 能谱图(谱图 2)和元素分布表,能谱图结果与图 5.4 为铁粉表面化学镀镍磷合金的 XRD 图结果一致。XRD 在 2θ 为 44.3°左右出现镍的特征峰,说明铁粉表面包覆的是镍合金镀层。

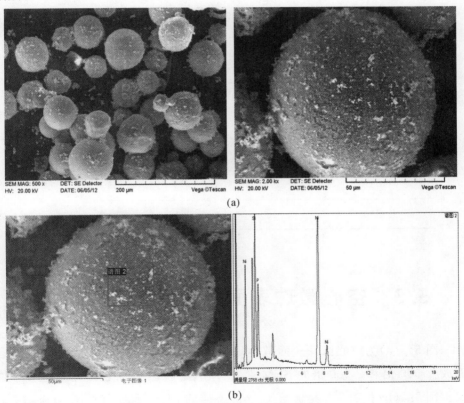

图 5.3　空心微珠表面碱性化学镀镍磷合金的 SEM 和 EDS 图

(a)化学镀镍磷合金 40 min 的 SEM 图像;　(b)化学镀镍磷合金 40 min 空心微珠的 EDS 能谱图

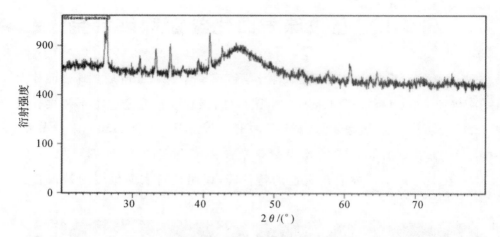

图 5.4　空心微珠表面化学镀镍磷合金的 XRD 图

表 5.2　空心微珠表面镍磷合金镀层的元素分布表

元素	质量百分比/(%)	原子百分比/(%)
Si	17.90	28.95
P	10.87	15.94
Ni	71.23	55.11
总量	100.00	

5.3　空心微珠表面化学镀钴铁磷合金

图 5.5(a)为空心微珠表面碱性化学镀钴铁磷合金合金 40 min 后微珠表面放大 500 倍和 2 000 倍的 SEM 照片。由图可知,微珠表面完全包覆了镀层。图 5.5(b)和表 5.3 是镀覆 40 min 镀层的 EDS 能谱图(谱图 2)和元素分布表,能谱图和表 5.3 说明微珠表面包覆的是钴铁磷合金镀层。

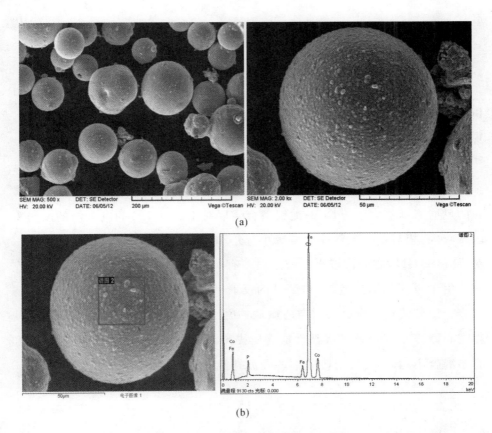

图 5.5　空心微珠表面碱性化学镀钴铁磷合金的 SEM 和 EDS 图

(a)化学镀钴铁磷合金 40 min 的 SEM 图像；　(b)化学镀钴铁磷合金 40 min 空心微珠的 EDS 能谱图

表 5.3　空心微珠表面钴铁磷合金镀层的元素分布表

元素	质量百分比/(%)	原子百分比/(%)
P	3.07	5.67
Fe	5.95	6.09
Co	90.98	88.24
总量	100.00	

5.4　镀层对空心微珠电磁性能的影响

　　材料的电磁性能采用安捷伦公司的 HP8510B 矢量网络分析仪进行分析,吸收剂的添加量为 10%,黏结剂为切片石蜡,试样尺寸为 22.86 mm× 10 mm×2 mm,测试波段为 X 波段(8～12 GHz)。

　　图 5.6(a)(b)(c)(d)分别为空白、镀镍磷合金、镀钴磷合金、镀钴铁磷合金 40 min 空心微珠的电磁波反射率曲线。在 X 波段(8～12 GHz),空心微珠的反射率基本大于－1 dB;镀镍磷合金层对 12.2 GHz 的电磁波的反射率改善较大,相对空白微珠反射率减小－4 dB;镀钴磷合金、镀钴铁磷合金镀层对 10～12 GHz 之间波段电磁波反射率有所改善,平均反射率减小－3 dB 左右。由于吸收剂添加量较小,测试的反射率绝对值总体较小,总体而言镀镍磷合金层较镀钴磷合金层对空心微珠的电磁参数影响明显,镀钴磷合金层使得空心微珠在 X 波段的吸波性能有所提高。由于制备测试样品时吸收剂和石蜡混合不均匀,所以对吸收剂的吸波性能有所影响。

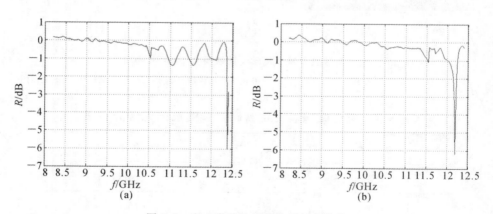

图 5.6　空心微珠的电磁波反射率曲线

(a)空白;　(b)镀镍磷合金

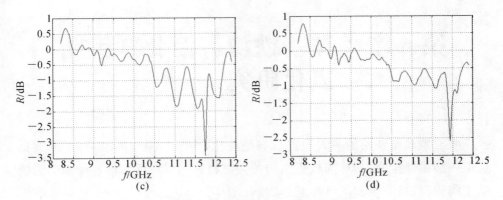

续图 5.6　空心微珠的电磁波反射率曲线

（c）镀钴磷合金；　（d）镀钴铁磷合金

第6章 羰基铁粉表面化学镀防氧化研究

吸波剂羰基铁粉的一大缺点是容易氧化,为了解决此问题,可在其表面包覆一层磁性金属层,称为核壳结构的吸波材料。本章采用前述所研究的普适于陶瓷、玻璃纤维和碳纤维基体的 Ni-P,Co-P 和 Co-Fe-P 化学镀工艺配方在羰基铁粉表面化学镀磁性金属层,镀覆后铁粉的反射率测试结果较原羰基铁粉较有所降低,但是镀层的防氧化性较好。为维持和提高铁粉的反射率,对 Ni-P 和 Co-P 化学镀工艺配方进行改进,通过优化实验获得了 Co-B 和 Ni-B 化学镀工艺配方,并成功在羰基铁粉上包覆完整的金属层,包覆后的羰基铁粉耐氧化性增强,并且反射率也明显改善。本章彩图见插页。

6.1 羰基铁粉表面化学镀的初步制备、表征及性能测试

采用表 2.3 化学镀工艺分别在羰基铁粉表面进行 Ni-P,Ni-B,Co-P,Co-B 和 Co-Fe-P 化学镀,所得金属-铁粉吸波剂样品与镀覆时间的关系见表 6.1。

表 6.1 羰基铁粉表面 Ni-P,Ni-B,Co-P,Co-B 和 Co-Fe-P 化学镀样品

时间/h	样品编号				
	Ni-P 化学镀	Ni-B 化学镀	Co-P 化学镀	Co-B 化学镀	Co-Fe-P 化学镀
0.5	Fe/Ni-P-1	Fe/Ni-B-1	Fe/Co-P-1	Fe/Co-B-1	Fe/Co-Fe-P-3
1.0	Fe/Ni-P-2	Fe/Ni-B-2	Fe/Co-P-2	Fe/Co-B-2	
1.5		Fe/Ni-B-3	Fe/Co-P-3	Fe/Co-B-3	

6.1.1 灼烧实验

实验条件:在 400℃马弗炉灼烧制备化学镀羰基铁样品和原羰基铁粉;灼烧时间分别为 2 h,6 h,10 h;w 为灼烧后递增质量。测试样品为表 6.1 所有样品,其灼烧质量改变曲线如图 6.1 所示。

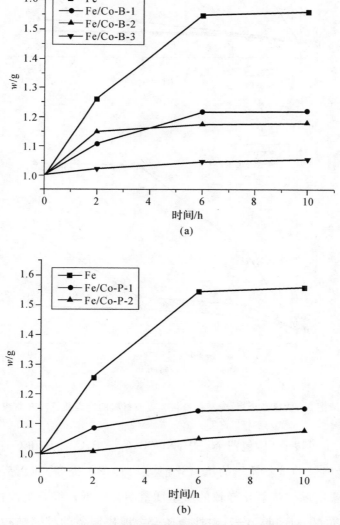

图 6.1 磁性金属-羰基铁粉核壳吸波材料的灼烧质量改变曲线

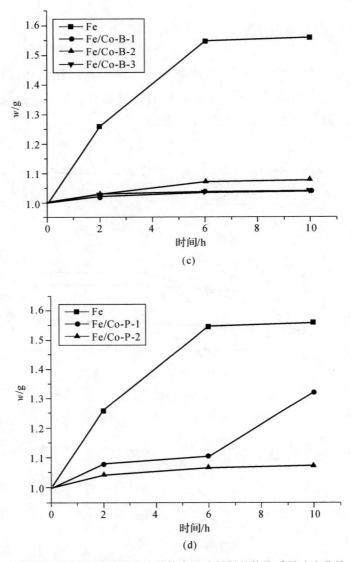

续图 6.1 磁性金属-羰基铁粉核壳吸波材料的灼烧质量改变曲线

从图 6.1 可以看出,包覆 Ni‐P,Ni‐B,Co‐P,Co‐B 和 Co‐Fe‐P 磁性金属合金镀层的羰基铁粉的抗氧化能力均有较大提高。随着包覆层的增厚,样品由于高温灼烧氧化导致的质量增重明显降低。综合吸波性能和抗氧化性能,包覆 Ni‐B 和 Co‐B 磁性金属合金镀层制备的核壳结构磁性金属‐

羰基铁粉的性能较好。

图 6.2 是羰基铁粉表面化学镀 1 h 得到的 Ni-B-2 和 Co-B-2 样品的 SEM 图,可见羰基铁粉的表面均匀包覆了 Ni-B 和 Co-B 合金层。相同化学镀时间,得到的 Ni-B 和 Co-B 合金层厚度分别为 0.28~0.38 μm 和 0.13~0.17 μm。可见 Ni-B 化学镀工艺配方的镀覆速度较 Co-B 化学镀工艺配方高出 1 倍左右。

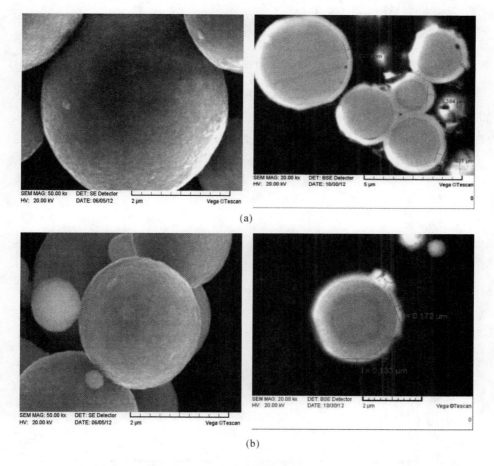

图 6.2 Fe/Ni-B-2 和 Fe/Co-B-2 样品磁性金属-羰基
铁粉核壳吸波材料的表面和截面图

(a)Fe/Ni-B-2 和 Fe/Co-B-2 的表面形貌; (b)Fe/Ni-B-2 和 Fe/Co-B-2 的截面形貌

6.1.2 镀层对羰基铁粉吸波性能的影响

采用波导法对制备样品在 X 波段(8.2~12.4 GHz)频率范围内的介电常数进行测试。考虑到石蜡的低介电损耗性,测试样品由纤维和石蜡组成。即将质量比为 70% 的测试样品均匀分散在熔融石蜡中,然后浇注到铜质法兰中制得样品,样品尺寸为 10.16 mm×22.86 mm×2 mm,测试设备为矢量网络分析仪(Agillent Technologies HP8510B)。样品的测试电磁参数如图 6.3 所示。

图 6.3 为样品羰基铁和表面分别包覆 Ni-B,Co-B,Co-P,Ni-P 合金镀层的羰基铁粉的电磁参数 ε',ε'',μ',μ'' 的比较图。由图可见,随着包覆时间的增加,镀层厚度增加,镀层对羰基铁的各电磁参数的影响发生有规律的变化。以 Co-P 镀层为例,随着厚度增加,Fe,Co-P-1,Co-P-2 三个样品的 ε',ε'' 依次变大,而 μ',μ'' 依次减小,所以阻抗匹配变化趋势一致。

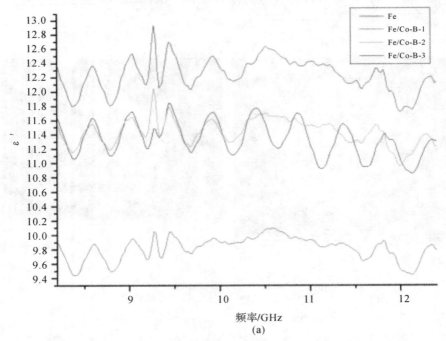

图 6.3 磁性金属-羰基铁粉核壳吸波材料的电磁参数 ε',ε'',μ',μ'' 比较

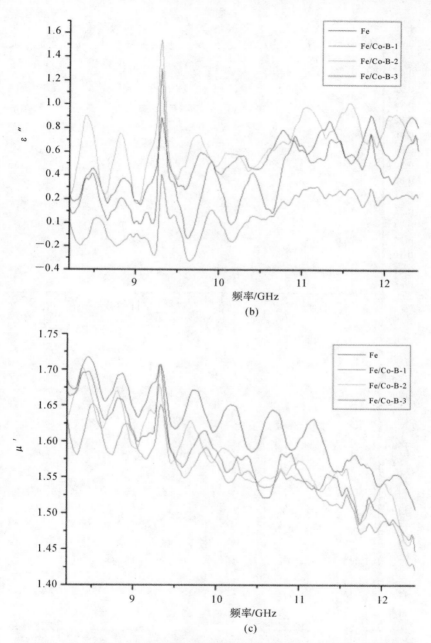

续图 6.3　磁性金属-羰基铁粉核壳吸波材料的电磁参数 ε', ε'', μ', μ'' 比较

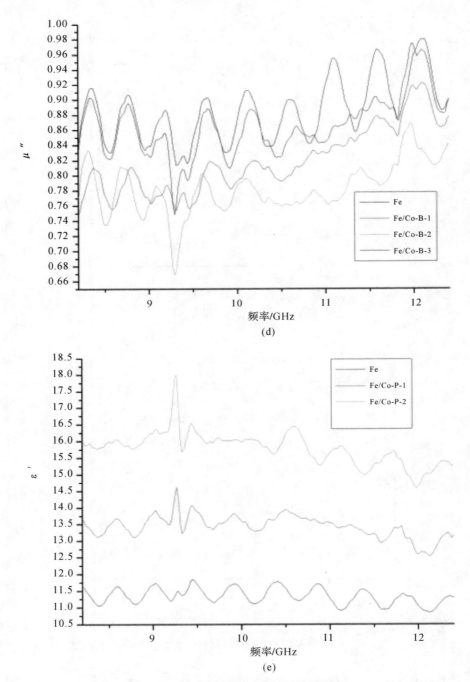

(d)

(e)

续图 6.3　磁性金属-羰基铁粉核壳吸波材料的电磁参数 ε', ε'', μ', μ'' 比较

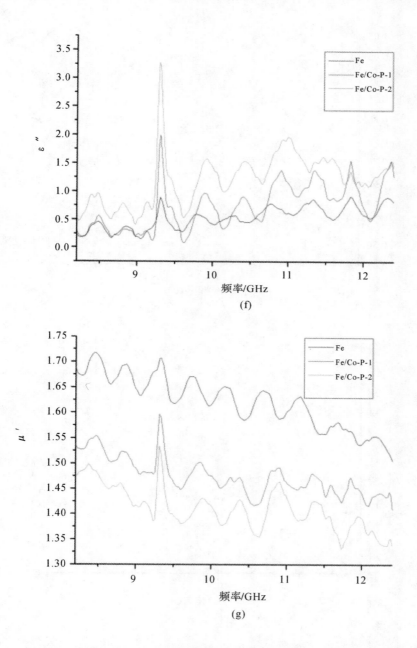

续图 6.3 磁性金属-羰基铁粉核壳吸波材料的电磁参数 ε', ε'', μ', μ'' 比较

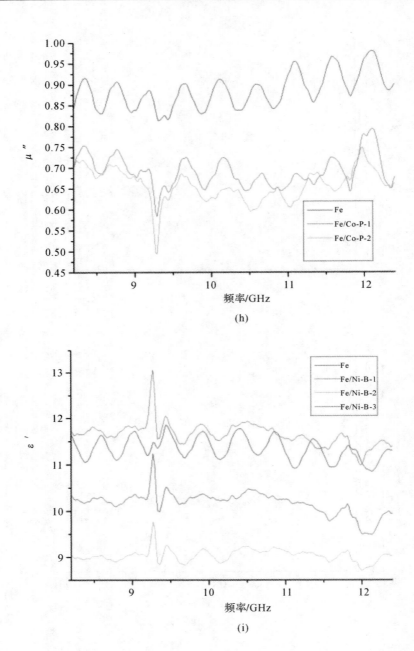

(h)

(i)

续图 6.3　磁性金属-羰基铁粉核壳吸波材料的电磁参数 $\varepsilon',\varepsilon'',\mu',\mu''$ 比较

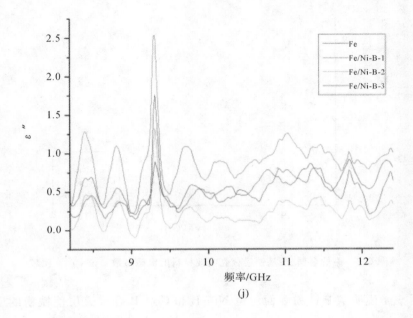

(j)

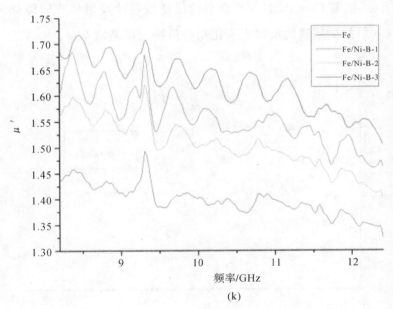

(k)

续图 6.3　磁性金属-羰基铁粉核壳吸波材料的电磁参数 ε', ε'', μ', μ'' 比较

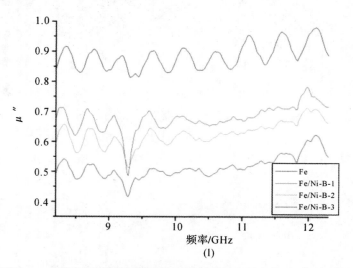

续图 6.3　磁性金属-羰基铁粉核壳吸波材料的电磁参数 ε',ε'',μ',μ'' 比较

　　图 6.4 说明羰基铁粉表面包覆 Ni－B 和 Co－B 合金镀层使铁粉的反射率提高明显,包覆 Co－P,Ni－P 合金镀层使铁粉的反射率有所降低。化学镀金属 Co 层的羰基铁的反射率变化趋势最接近羰基铁本身。

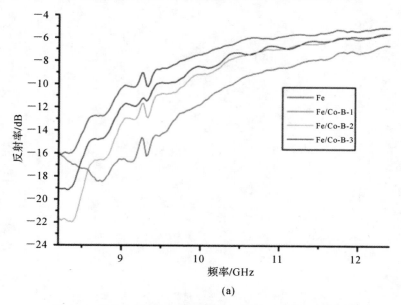

图 6.4　磁性金属-羰基铁粉核壳吸波材料的电磁波反射率比较

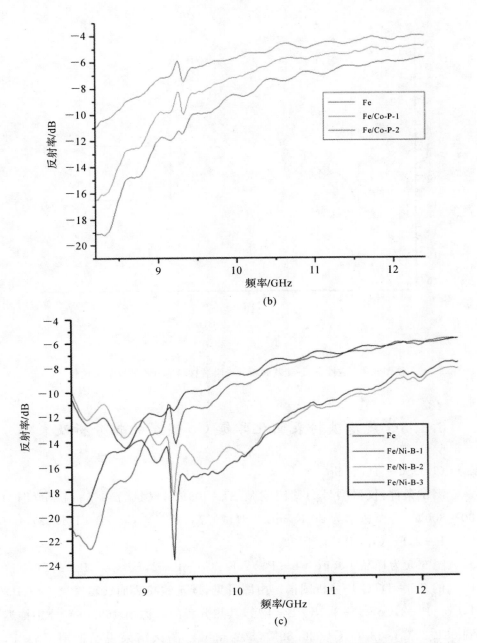

(b)

(c)

续图 6.4　磁性金属-羰基铁粉核壳吸波材料的电磁波反射率比较

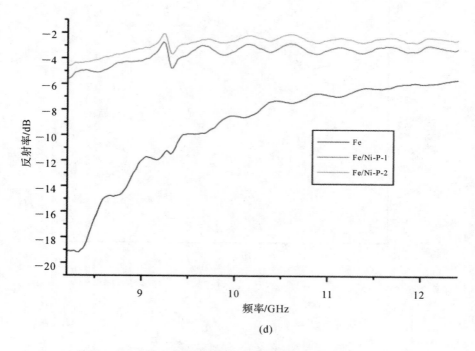

续图 6.4　磁性金属-羰基铁粉核壳吸波材料的电磁波反射率比较

6.1.3　羰基铁粉表面化学镀 Co 镀层的热分析及表征

（1）DSC‐TG 分析。

测试条件：仪器型号为德国耐弛 STA409PC；气氛为空气；温度范围为 30～800℃；升温速率为 20 K/min。测试样品：Fe,Fe/Co‐P‐1(P‐1),Fe/Co‐P‐2,Fe/Co‐P‐3。

图 6.5 为样品 Fe,Fe/Co‐P‐1,Fe/Co‐P‐2,Fe/Co‐P‐3,Fe/Ni‐B‐4 的 TG‐DTG 热分析图谱。由图可见，羰基铁粉表面镀覆镀层 Co‐P‐1,Co‐P‐2,Co‐P‐3,Ni‐B‐4 后，其热分解的峰温由 469.08℃分别推迟到 631.22℃,623.66℃,626.89℃,502.05℃。测试结果说明镀层 Co‐P,Ni‐B 均能对羰基铁粉起到一定的防氧化作用，镀层 Co‐P 的效果更突出。

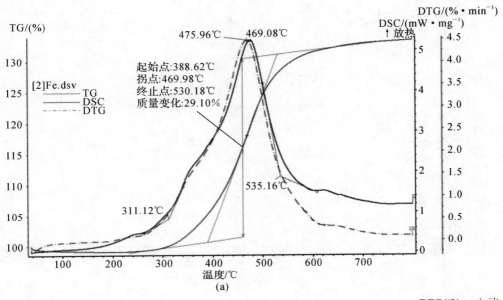

(a)

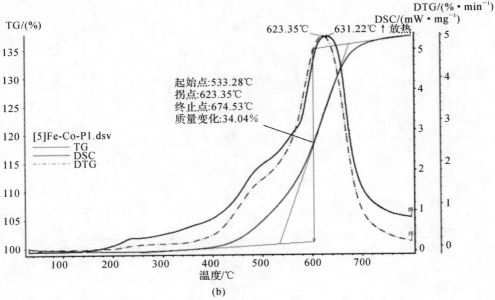

(b)

图 6.5　样品 Fe,Fe/Co－P－1,Fe/Co－P－2,Fe/Co－P－3,Fe/Ni－B－4 的
　　　　 TG－DTG 热分析图谱

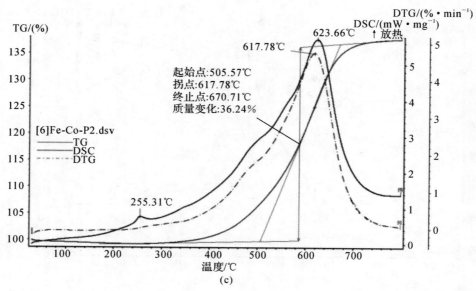

(c)

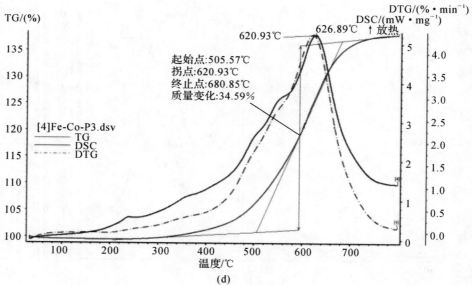

(d)

续图 6.5　样品 Fe,Fe/Co-P-1,Fe/Co-P-2,Fe/Co-P-3,Fe/Ni-B-4 的
　　　　TG-DTG 热分析图谱

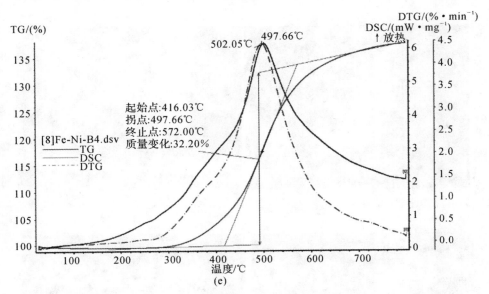

续图 6.5　样品 Fe,Fe/Co-P-1,Fe/Co-P-2,Fe/Co-P-3,Fe/Ni-B-4 的
TG-DTG 热分析图谱

（2）SEM 表征。

图 6.6 中样品 Fe,Fe/Co-P-1 热分析前的 SEM 表征图说明羰基铁粉表面成功镀覆上了 Co-P 镀层,镀层的厚度大于 0.1 μm；样品 Fe,Fe/Co-P-1 800℃热处理后的 SEM 图说明,二者均不能承受 800℃以上的高温处理。

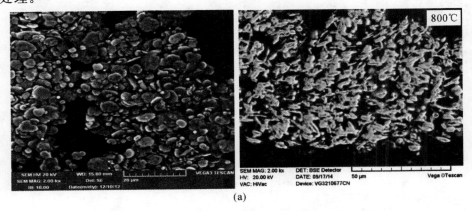

图 6.6　样品 Fe,Fe/Co-P-1 热分析前后的 SEM 图

(a)样品 Fe 热分析前后的 SEM 图

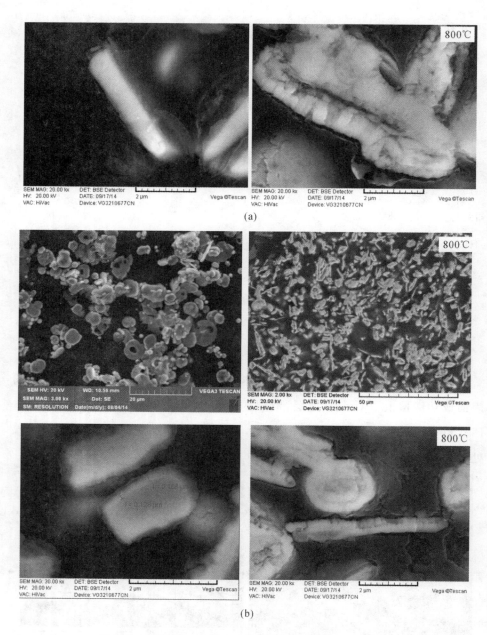

续图 6.6 样品 Fe,Fe/Co－P－1 热分析前后的 SEM 图

(a)样品 Fe 热分析前后的 SEM 图； (b)样品 Fe/Co－P－1 热分析前后的 SEM 图

6.2 Co-P 镀层对羰基铁粉高温电磁性能的影响

片状羰基铁粉(CIPs)表面镀 Co-P 后,混入聚酰亚胺(PI)(羰基铁粉样品混入质量百分含量为 70%)中制作复合涂层,进行高温电磁性能测试。将羰基铁粉及在羰基铁粉表面镀覆时间分别为 0.5 h,1.0 h 及 1.5 h 的镀覆样品[CIPs-Co-P1(Fe/Co-P-1),CIPs-Co-P2(Fe/Co-P-2),CIPs-Co-P3(Fe/Co-P-3)]分别与聚酰亚胺进行混合,制备混合涂层测试样品,涂层样品编号分别为 CIPs,CIPs-Co1,CIPs-Co2,CIPs-Co3。高温测试分连续升温降温测试和恒温测试两个部分,涂层测试的厚度为 2.0 mm。

连续升温降温测试:连续升温降温条件(30℃—350℃—30℃)下,分别测试样品在温度点(升温 30℃,100℃,150℃,200℃,250℃,300℃,350℃,以及降温 300℃,250℃,200℃,150℃,100℃,30℃)的电磁参数 ε',ε'',μ',μ''。

恒温测试:测试样品在不同温度点(150℃,200℃,250℃,300℃ 及 350℃)分别恒温 0 h,50 h 和 100 h 后的电磁参数 ε',ε'',μ',μ''。

6.2.1 恒温电磁参数测试

(1)150℃恒温测试(0 h,50 h,100 h)后的 ε',ε'',μ',μ''。

1) PI-CIPs。涂层 CIPs 150℃恒温 0 h,50 h,100 h 的介电常数实部和虚部随着恒温时间增加呈减小趋势,恒温 50 h 后在 10~11 GHz 频率范围之间发生 ε' 突减和 ε'' 突增的变化,复磁导率实部 μ' 和虚部 μ'' 发生突增的变化,其他频率范围内随恒温时间增加变化不大,CIPs 的磁损耗特性在 150℃环境恒温 100 h 基本不受影响,如图 6.7 所示。

2) PI-CIPs-Co1。涂层 CIPs-Co1 150℃恒温 0 h,50 h,100 h 的介电常数实部和虚部随着恒温时间增加呈减小趋势,均大于 CIPs;复磁导率实部 μ' 随恒温时间增加没有较大变化,与 CIPs 相当;复磁导率虚部 μ'' 均高于 CIPs。可见,CIPs-Co1 在 150℃环境恒温 100 h 的磁损耗特性优于 CIPs,如

图 6.8 所示。

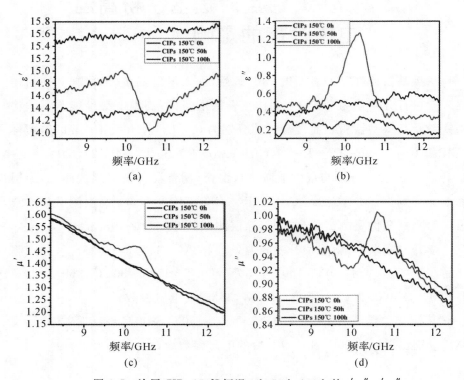

图 6.7 涂层 CIPs 150℃恒温 0 h,50 h,100 h 的 ε',ε'',μ',μ''

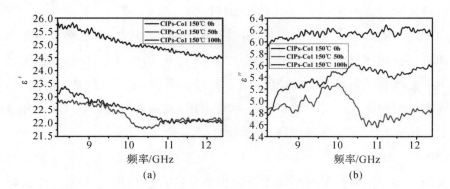

图 6.8 涂层 CIPs－Co1 150℃恒温 0 h,50 h,100 h 的 ε',ε'',μ',μ''

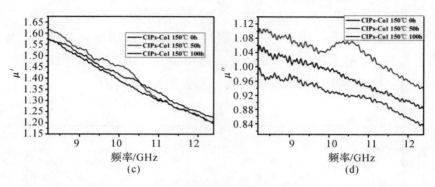

续图 6.8　涂层 CIPs-Co1 150℃恒温 0 h,50 h,100 h 的 ε',ε'',μ',μ''

3）PI-CIPs-Co2。涂层 CIPs-Co2 150℃恒温 0 h,50 h,100 h 的介电常数实部和虚部随着恒温时间增加分别呈减小和增大趋势,均大于 CIPs;复磁导率实部 μ' 随恒温时间增加没有较大变化,与 CIPs 相当;复磁导率虚部 μ'' 均高于 CIPs,随恒温时间增加呈减小趋势。可见 CIPs-Co2 在 150℃环境恒温 50 h 的磁损耗特性优于 CIPs-Co1,恒温 100 h 的磁损耗特性与 CIPs-Co1 相当,如图 6.9 所示。

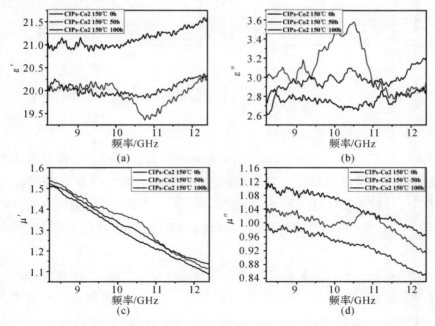

图 6.9　涂层 CIPs-Co2 150℃恒温 0 h,50 h,100 h 的 ε',ε'',μ',μ''

4）PI－CIPs－Co3。涂层 CIPs－Co3 150℃恒温 0 h 的复磁导率实部 μ' 小于 CIPs;复磁导率虚部 μ'' 与 CIPs 相当,随恒温时间增加 μ' 呈增大趋势,μ'' 呈减小趋势,可见 CIPs－Co3 的磁损耗特性在 150℃ 环境连续恒温后较 CIPs,CIPs－Co1,CIPs－Co2 均有所减弱,如图 6.10 所示。

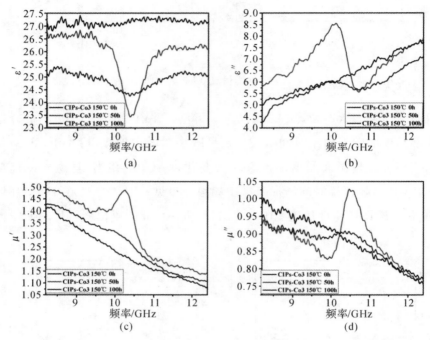

图 6.10　涂层 CIPs－Co3 150℃恒温 0 h,50 h,100 h 的 $\varepsilon',\varepsilon'',\mu',\mu''$

（2）200℃恒温测试（0 h,50 h,100 h）$\varepsilon',\varepsilon'',\mu',\mu''$。

1）PI－CIPs。涂层 CIPs 200℃恒温 0 h,50 h,100 h 的介电常数实部和虚部随着恒温时间增加呈减小趋势,复磁导率实部 μ' 和复磁导率虚部 μ'' 随恒温时间没有较大变化,恒温 50 h 的 μ'' 在 10~11 GHz 频率范围内有明显增加,CIPs－Co2 的磁损耗特性在 200℃ 环境恒温 100 h 后改变不明显,如图 6.11 所示。

2）PI－CIPs－Co1。涂层 CIPs－Co1 的复磁导率实部 μ' 较 CIPs 降低,复磁导率虚部 μ'' 较 CIPs 升高,200℃恒温 0 h,50 h,100 h 后复磁导率实部 μ' 随恒温时间呈升高趋势,复磁导率虚部 μ'' 随恒温时间呈降低趋势。恒温

100 h 后 μ' 和 μ'' 分别优于 CIPs 常温的复磁导率,CIPs - Co1 磁损耗特性在 200℃ 环境恒温 100 h 后改变不明显,如图 6.12 所示。

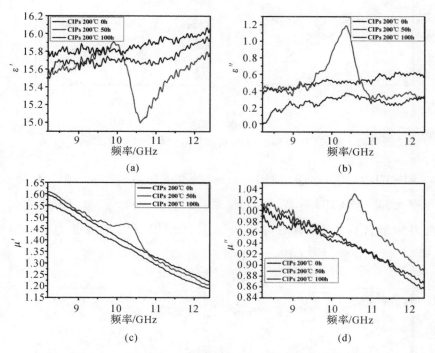

图 6.11　涂层 CIPs 200℃ 恒温 0 h,50 h,100 h 的 ε',ε'',μ',μ''

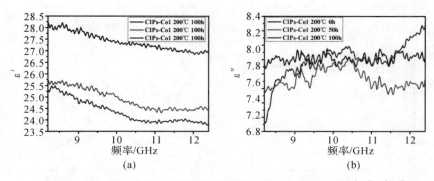

图 6.12　涂层 CIPs - Co1 200℃ 恒温 0 h,50 h,100 h 的 ε',ε'',μ',μ''

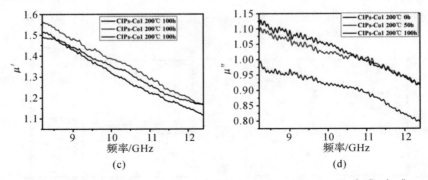

(c)   (d)

续图 6.12   涂层 CIPs－Co1 200℃恒温 0 h,50 h,100 h 的 ε',ε'',μ',μ''

3) PI－CIPs－Co2。涂层 CIPs－Co2 的复磁导率实部 μ' 较 CIPs 降低,复磁导率虚部 μ'' 较 CIPs 升高,200℃恒温 0 h,50 h,100 h 后复磁导率实部 μ' 随恒温时间呈升高趋势,复磁导率虚部 μ'' 随恒温时间呈降低趋势。恒温 100 h 后 μ' 和 μ'' 分别优于 CIPs 常温的复磁导率,如图 6.13 所示。

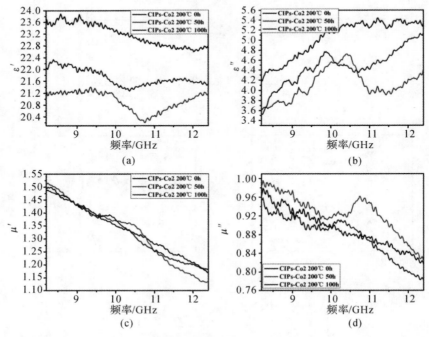

(a)   (b)

(c)   (d)

图 6.13   涂层 CIPs－Co2 200℃恒温 0 h,50 h,100 h 的 ε',ε'',μ',μ''

4) PI - CIPs - Co3。涂层 CIPs - Co3 的复磁导率实部 μ' 较 CIPs 降低,复磁导率虚部 μ'' 较 CIPs 升高,200℃ 恒温 0 h,50 h,100 h 后复磁导率实部 μ' 随恒温时间呈升高趋势,复磁导率虚部 μ'' 随恒温时间呈降低趋势。常温的复磁导率均优于 CIPs,恒温 100 h 后 μ' 和 μ'' 分别与 CIPs 相当,如图 6.14 所示。

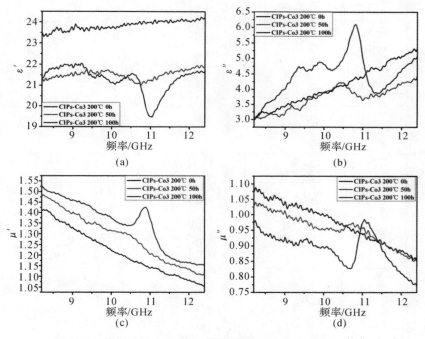

图 6.14　涂层 CIPs - Co3 200℃ 恒温 0 h,50 h,100 h 的 $\varepsilon',\varepsilon'',\mu',\mu''$

(3)250℃ 恒温测试(0 h,50 h,100 h)$\varepsilon',\varepsilon'',\mu',\mu''$。

比较图 6.15 ~ 图 6.18 涂层 CIP,CIPs - Co1,CIPs - Co2,CIPs - Co3 在 250℃ 恒温 0 h,50 h,100 h 的 $\varepsilon',\varepsilon'',\mu',\mu''$。CIPs - Co1,CIPs - Co2 的电磁参数在 250℃ 恒温 100 h 后与 CIPs 相当。

(4)300℃ 恒温测试(0 h,50 h,100 h)$\varepsilon',\varepsilon'',\mu',\mu''$。

比较图 6.19 ~ 图 6.22 涂层 CIP,CIPs - Co1,CIPs - Co2,CIPs - Co3 在 300℃ 恒温 0 h,50 h,100 h 的 $\varepsilon',\varepsilon'',\mu',\mu''$。CIP 电磁参数变化较规律,CIPs - Co2,CIPs - Co3 的电磁参数随着恒温时间和电磁波频率的增大,表现出较大

的波动性。这可能是由于 300℃ 以上涂层 CIPs-Co1，CIPs-Co2，CIPs-Co3 从凝固态变为熔融态所导致。CIPs-Co1 的 ε'，ε''，μ'，μ'' 随温度和频率的变化较稳定，CIPs-Co1 的 μ'，μ'' 在 300℃ 恒温 100 h 后，分别较 CIPs 平均降低 0.3、升高 0.05 左右。

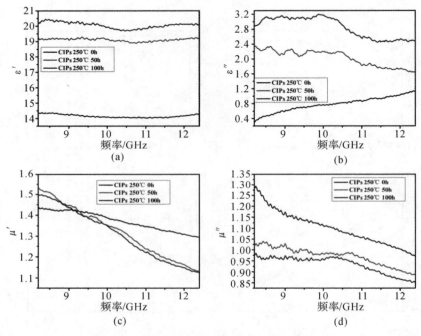

图 6.15　涂层 CIPs 250℃ 恒温 0 h，50 h，100 h 的 ε'，ε''，μ'，μ''

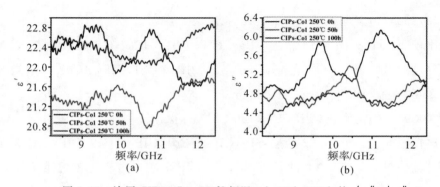

图 6.16　涂层 CIPs-Co1 250℃ 恒温 0 h，50 h，100 h 的 ε'，ε''，μ'，μ''

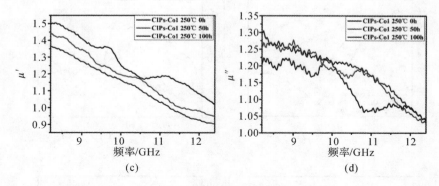

续图 6.16 涂层 CIPs‐Co1 250℃恒温 0 h,50 h,100 h 的 ε',ε'',μ',μ''

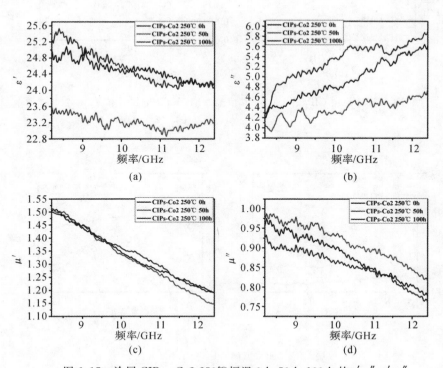

图 6.17 涂层 CIPs‐Co2 250℃恒温 0 h,50 h,100 h 的 ε',ε'',μ',μ''

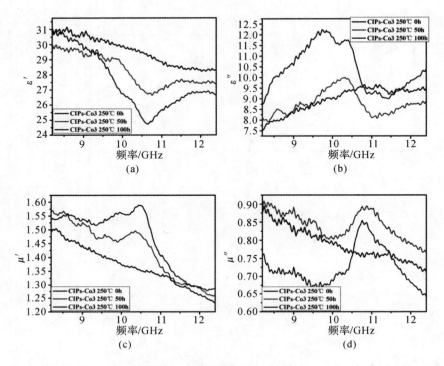

图 6.18　涂层 CIPs－Co3 250℃恒温 0 h,50 h,100 h 的 ε',ε'',μ',μ''

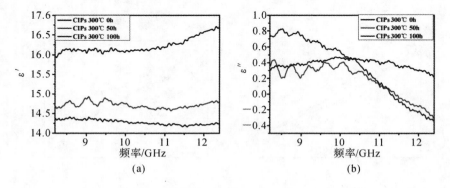

图 6.19　涂层 CIPs 300℃恒温 0 h,50 h,100 h 的 ε',ε'',μ',μ''

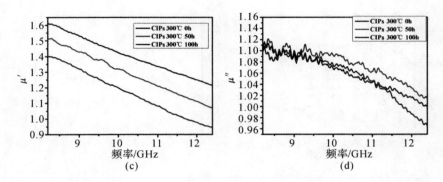

续图 6.19 涂层 CIPs 300℃恒温 0 h,50 h,100 h 的 ε',ε'',μ',μ''

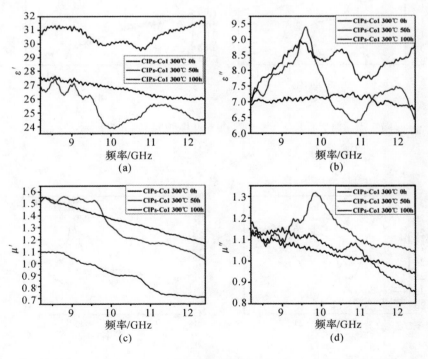

图 6.20 涂层 CIPs‐Co1 300℃恒温 0 h,50 h,100 h 的 ε',ε'',μ',μ''

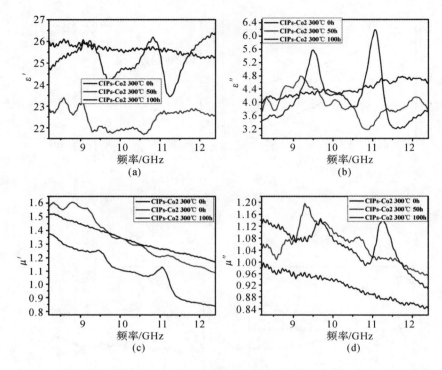

图 6.21　涂层 CIPs - Co2 300℃恒温 0 h,50 h,100 h 的 ε',ε'',μ',μ''

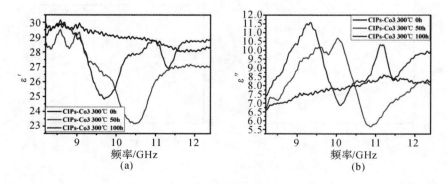

图 6.22　涂层 CIPs - Co3 300℃恒温 0 h,50 h,100 h 的 ε',ε'',μ',μ''

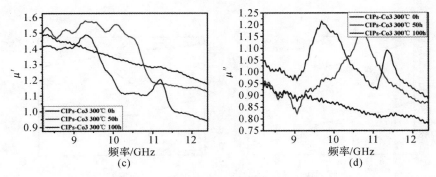

续图 6.22　涂层 CIPs－Co3 300℃恒温 0 h,50 h,100 h 的 ε',ε'',μ',μ''

(5)350℃恒温测试(0 h,50 h,100 h)ε',ε'',μ',μ''。

比较图 6.23~图 6.26 涂层 CIP,CIPs－Co1,CIPs－Co2,CIPs－Co3 在 350℃恒温 0 h,50 h,100 h 的 ε',ε'',μ',μ''。CIP 电磁参数变化较规律,CIPs－Co1,CIPs－Co2,CIPs－Co3 的电磁参数随着恒温时间和电磁波频率的增大,均表现出较大的波动性。这可能是由于 300℃以上涂层 CIPs－Co1,CIPs－Co2,CIPs－Co3 从凝固态变为熔融态所导致。

对以上各个样品在不同温度点(150℃,200℃,250℃,300℃及 350℃)分别恒温 0 h,50 h 及 100 h 后测试的电磁参数 ε',ε'',μ',μ''进行比较分析可见,在 200℃以下环境中,恒温时间达 100 h,镀层 Co1,Co2,Co3 均对涂层 CIPs 的 μ',μ''有所改善,涂层 CIPs－Co1,CIPs－Co2,CIPs－Co3 的磁损耗优于涂层 CIPs。

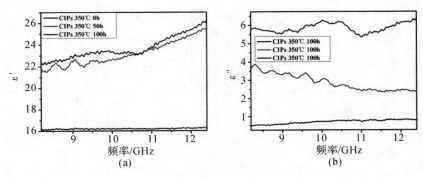

图 6.23　涂层 CIPs 350℃恒温 0 h,50 h,100 h 的 ε',ε'',μ',μ''

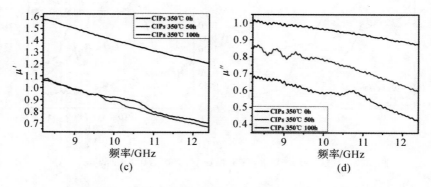

续图 6.23　涂层 CIPs 350℃恒温 0 h,50 h,100 h 的 ε',ε'',μ',μ''

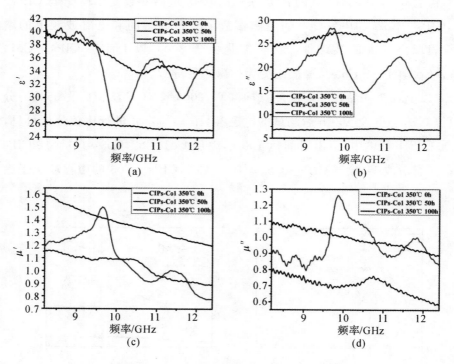

图 6.24　涂层 CIPs‒Co1 350℃恒温 0 h,50 h,100 h 的 ε',ε'',μ',μ''

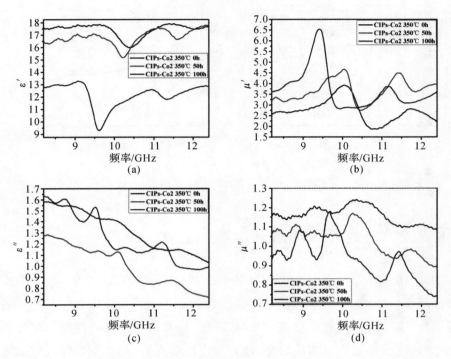

图 6.25 涂层 CIPs - Co2 350℃恒温 0 h,50 h,100 h 的 ε′,ε″,μ′,μ″

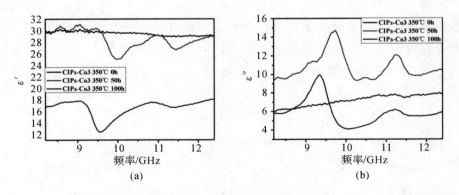

图 6.26 涂层 CIPs - Co3 350℃恒温 0 h,50 h,100 h 的 ε′,ε″,μ′,μ″

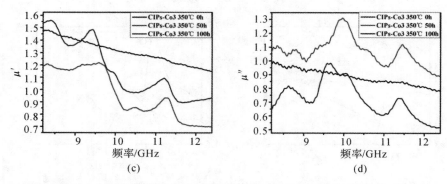

续图 6.26　涂层 CIPs－Co3 350℃恒温 0 h,50 h,100 h 的 ε',ε'',μ',μ''

6.2.2　连续升温降温电磁参数测试

　　图 6.27～图 6.42 为涂层 CIP,CIPs－Co1,CIPs－Co2,CIPs－Co3 的连续升温降温(30℃—350℃—30℃)电磁参数 ε',ε'',μ',μ'' 变化图谱(图中 jw 表示降温)。电磁参数随着温度连续升高、降低,均表现连续升高再连续降低的变化趋势,电磁参数则呈相反趋势,随着温度连续升高、降低呈先降低后升高的变化规律。

　　(1) PI－CIPs。

　　图 6.27～图 6.30 为涂层 CIP 的连续升温降温(30℃—350℃—30℃)电磁参数 ε',ε'',μ',μ'' 变化图谱。电磁参数 ε',ε'' 随着温度连续升高、降低,均表现连续升高再连续降低的变化趋势,350℃为最高点;电磁参数 μ',μ'' 则呈相反趋势,随着温度连续升高、降低,呈先降低后升高的变化规律,350℃为最低点。

　　(2) PI－CIPs－Co1。

　　图 6.31～图 6.34 为涂层 CIP－Co1 的连续升温降温(30℃—350℃—30℃)电磁参数 ε',ε'',μ',μ'' 的 变化图谱。电磁参数 ε',ε'' 随着温度连续升高、降低,均表现连续升高再连续降低的变化趋势,350℃为最高点;电磁参数 μ',μ'' 则呈相反趋势,随着温度连续升高、降低,呈先降低后升高的变化规律,350℃为最低点。

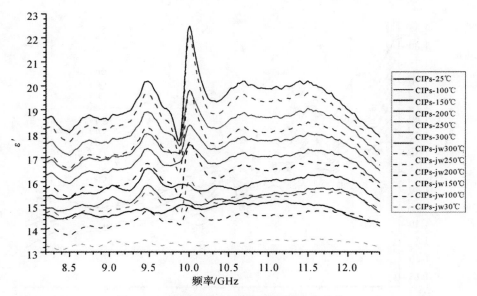

图 6.27　涂层 CIPs 连续升温降温的 ε' 变化

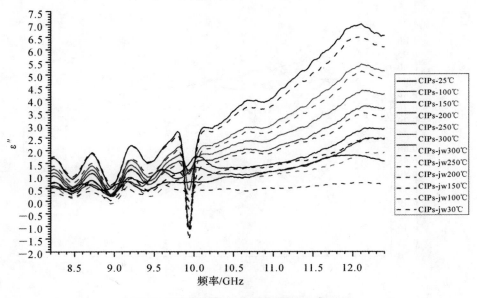

图 6.28　涂层 CIPs 连续升温降温的 ε'' 变化

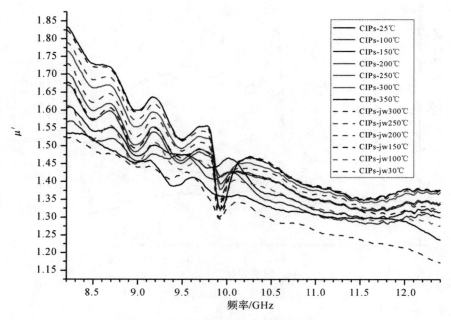

图 6.29　涂层 CIPs 连续升温降温的 μ' 变化

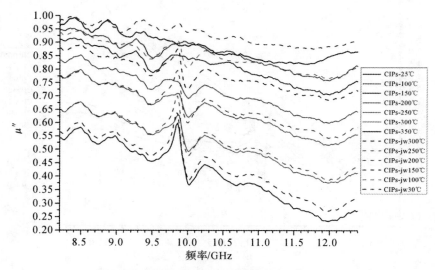

图 6.30　涂层 CIPs 连续升温降温的 μ'' 变化

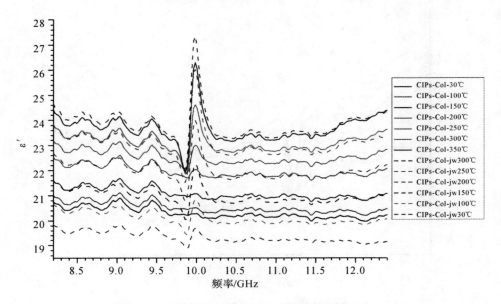

图 6.31　涂层 CIPs－Co1 连续升温降温的 ε′ 变化

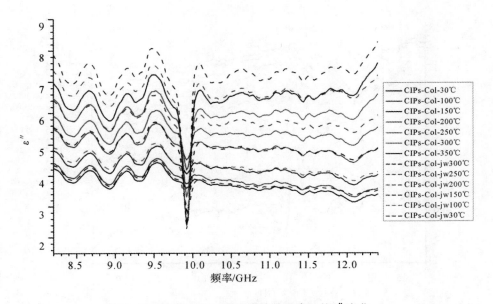

图 6.32　涂层 CIPs－Co1 连续升温降温的 ε″ 变化

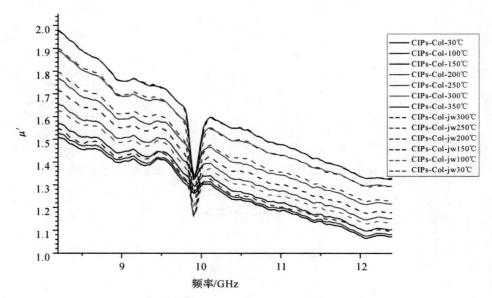

图 6.33　涂层 CIPs－Co1 连续升温降温的 μ' 变化

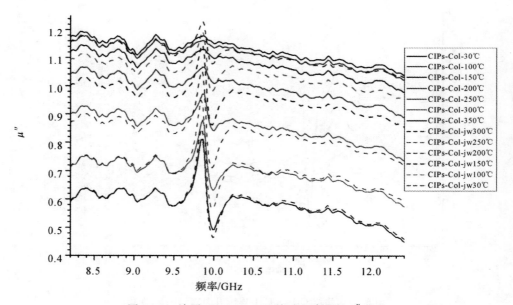

图 6.34　涂层 CIPs－Co1 连续升温降温的 μ'' 变化

（3）PI‐CIPs‐Co2。

图 6.34～图 6.38 为涂层 CIP‐Co2 的连续升温降温（30℃—350℃—30℃）电磁参数 ε'、ε''、μ'、μ'' 的变化图谱。电磁参数 ε'、ε'' 随着温度连续升高、降低,均表现连续升高再连续降低的变化趋势,350℃ 为最高点;电磁参数 μ'、μ'' 则呈相反趋势,随着温度连续升高、降低,呈先降低后升高的变化规律,350℃ 为最低点。

（4）PI‐CIPs‐Co3。

图 6.39～图 6.42 为涂层 CIP‐Co3 的连续升温降温（30℃—350℃—30℃）电磁参数 ε'、ε''、μ'、μ'' 的变化图谱。电磁参数 ε'、ε'' 随着温度连续升高、降低,均表现连续升高再连续降低的变化趋势,350℃ 为最高点;电磁参数 μ'、μ'' 则呈相反趋势,随着温度连续升高、降低,呈先降低后升高的变化规律,350℃ 为最低点。

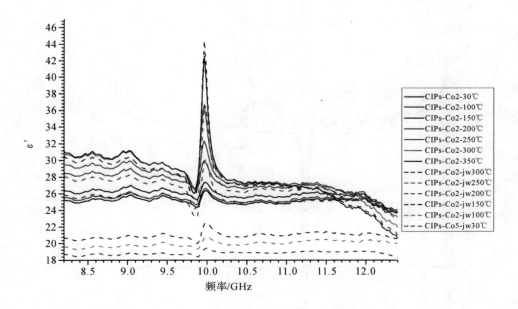

图 6.35　涂层 CIPs‐Co2 连续升温降温的 ε' 变化

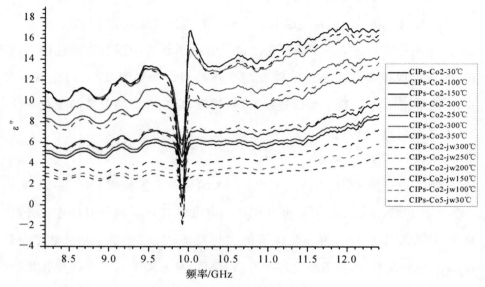

图 6.36　涂层 CIPs－Co2 连续升温降温的 ε″ 变化

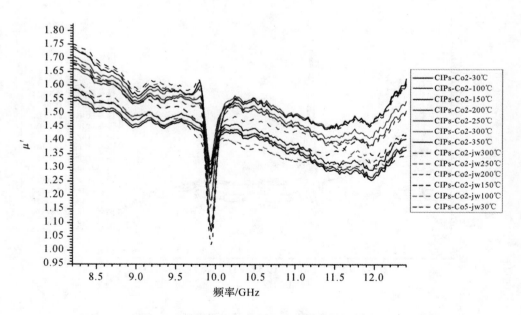

图 6.37　涂层 CIPs－Co2 连续升温降温的 μ′ 变化

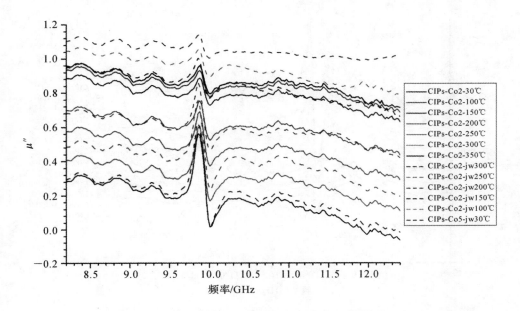

图 6.38　涂层 CIPs－Co2 连续升温降温的 μ'' 变化

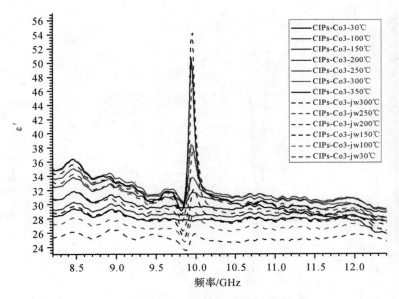

图 6.39　涂层 CIPs－Co3 连续升温降温的 ε' 变化

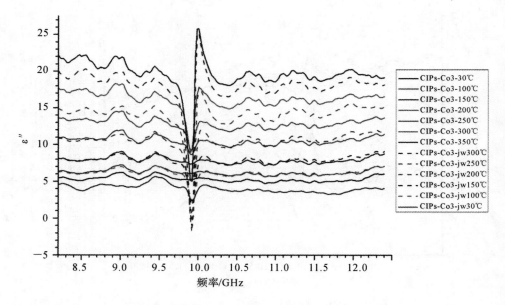

图 6.40　涂层 CIPs‐Co3 连续升温降温的 ε'' 变化

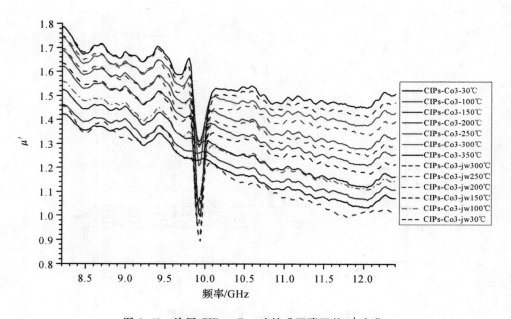

图 6.41　涂层 CIPs‐Co3 连续升温降温的 μ' 变化

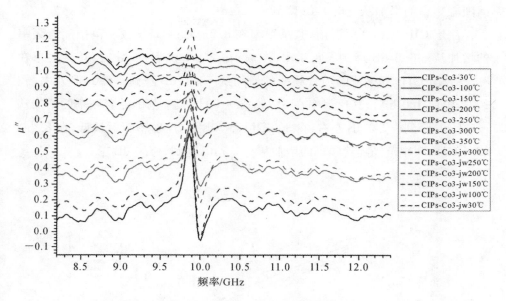

图 6.42　涂层 CIPs‑Co3 连续升温降温的 μ'' 变化

6.2.3　反射率计算

(1)恒温反射率。

比较图 6.43～图 6.46 涂层 CIP,CIPs‑Co1,CIPs‑Co2,CIPs‑Co3 在 150℃,200℃,250℃,300℃,350℃分别恒温 0 h,50 h,100 h 的反射率图谱可知:涂层 CIPs 恒温前其反射率在 8.2～12.4 GHz 频率范围随着频率的增加从−4.8 dB 降到−9.2 dB 左右;在 250℃恒温 50 h 后,反射率相对最低,在 8.2～12.4 GHz 频率范围随着频率的增加从−6.0 dB 降到−9.8 dB 左右;在 200℃恒温 100 h 后,其反射率在 8.2～12.4 GHz 频率范围随着频率的增加从−5.5 dB 降到−9.0 dB 左右。

涂层 CIPs‑Co1 恒温前,其反射率在 8.2～12.4 GHz 频率范围随着频率的增加从−6.5 dB 降到−7.5 dB 左右;在 150℃恒温 100 h 后,反射率相对最低,在 8.2～12.4 GHz 频率范围随着频率的增加从−6.5 dB 降到−8.5 dB 左右;在 200℃恒温 100 h 后,其反射率在 8.2～12.4 GHz 频率范围随着频率的增加从－6.0 dB 降到－7.0 dB 左右。

　　涂层 CIPs－Co2 恒温前，其反射率在 8.2～12.4GHz 频率范围随着频率的增加从－6.5 dB 降到－8.4 dB 左右；在 250℃恒温 50 h 后，其反射率在 8.2～12.4 GHz 频率范围随着频率的增加从－6.0 dB 降到－8.0 dB 左右，在 200℃恒温 100 h 后，其反射率在 8.2～12.4 GHz 频率范围随着频率的增加从－5.5 dB 降到－7.6 dB 左右，在 300℃恒温 50h 后，反射率相对最低，在 8.2～12.4 GHz 频率范围随着频率的增加从－6.5 dB 降到－8.0 dB 左右。

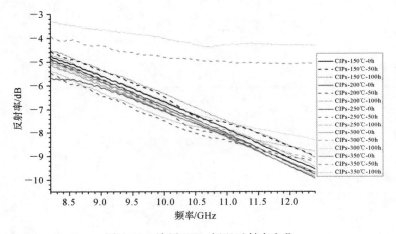

图 6.43　涂层 CIPs 恒温反射率变化

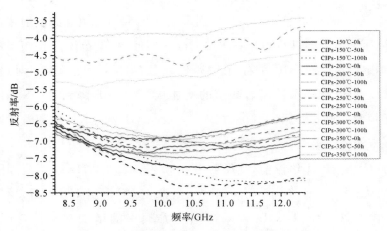

图 6.44　涂层 CIPs－Co1 恒温反射率变化

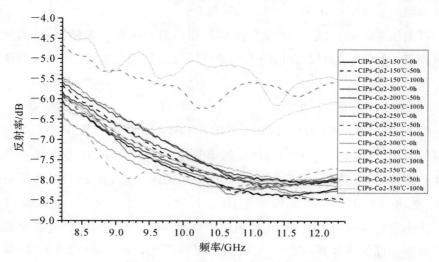

图 6.45　涂层 CIPs‑Co2 恒温反射率变化

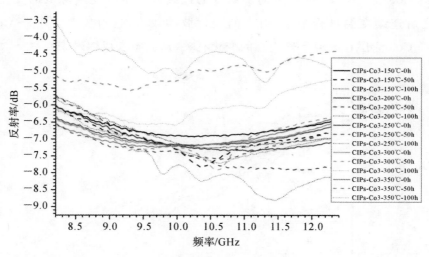

图 6.46　涂层 CIPs‑Co3 恒温反射率变化

涂层 CIP‑Co3 恒温前,其反射率在 $8.2 \sim 12.4$ GHz 频率范围随着频率的增加从 -6.0 dB 降到 -6.7 dB 左右;在 250℃恒温 50 h 后,其反射率在 $8.2 \sim 12.4$ GHz 频率范围随着频率的增加从 -6.5 dB 降到 -7.0 dB 左右;在 200℃恒温 100 h 后,,反射率相对最低,在 $8.2 \sim 12.4$ GHz 频率范围随着

频率的增加从−6.0 dB 降到−8.7 dB 左右。

以上结果说明,镀层 Co2 没有使 CIP 在高温的吸波性能降低,反而使其有所改善,间接说明镀层 Co1,Co2,Co3 有一定的防氧化作用,此现象与热分析结果一致。

(2)连续升温降温反射率。

图 6.47～图 6.48 为涂层 CIPs,CIPs−Co1,CIPs−Co2,CIPs−Co3 连续升温降温(30℃—350℃—30℃)的反射率变化谱图。涂层 CIP 反射率整体随温度的连续升高、降低,呈现连续降低和增加的规律性,在 25℃时其反射率最大,在 8.2～12.4 GHz 频率范围随着频率的增加从 −4.5 dB 降到−8.5 dB左右。涂层 CIP−Co1 反射率整体随温度的连续升高、降低呈现连续增加和降低的规律性,在 350℃时其反射率最大,在 8.2～12.4 GHz 频率范围随着频率的增加从 −6.5 dB 降到−9.5 dB 左右。涂层 CIPs−Co2,CIPs−Co3 反射率在 200℃之前随温度的连续升高呈现连续降低的变化规律,之后连续变温过程中,反射率的变化波动较大,这可能与 CIPs−Co2,CIPs−Co3 涂层在高温下聚集态的变化有关(从固态变成熔融态)。

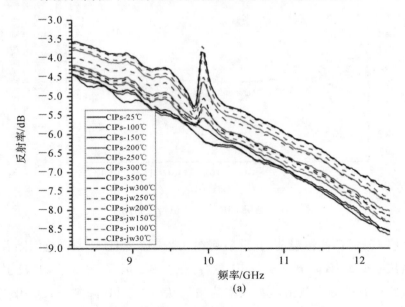

图 6.47　涂层 CIPs,CIPs−Co1 连续升温、降温的反射率变化

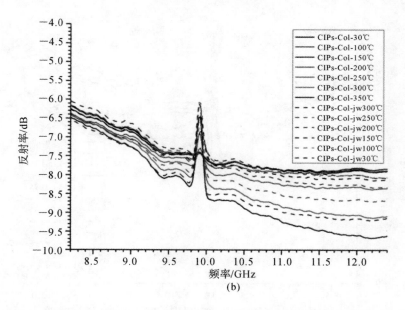

续图 6.47　涂层 CIPs,CIPs－Co1 连续升温、降温的反射率变化

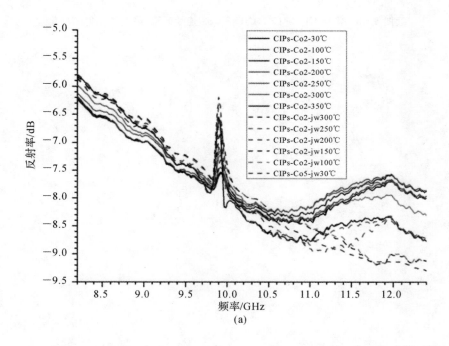

图 6.48　涂层 CIPs－Co2,CIPs－Co3 连续升温、降温的反射率变化

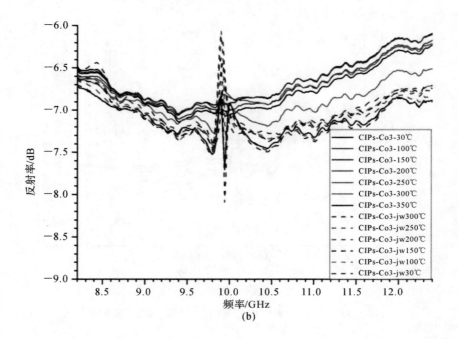

(b)

续图 6.48 涂层 CIPs‐Co2,CIPs‐Co3 连续升温、降温的反射率变化

第 7 章　讨论和展望

本书第 3～6 章的研究工作可归纳为两个部分:第一部分研究在非金属基材碳纤维、玻璃纤维及空心微珠表面进行化学镀金属钴及镍的工艺流程和配方,并进行相关的性能表征测试;第二部分研究在羰基铁粉表面进行化学镀金属钴的工艺配方,研究金属钴镀层对羰基铁粉的抗氧化保护作用以及镀层对羰基铁粉电磁参数的影响。

两部分研究工作均得到有一定价值的研究结果,通过分析总结将研究结果具体内容归结如下。

首先,采用化学镀原理可成功制备核壳结构吸波材料。本书共获得了 5 种普适的化学镀工艺配方;Ni－P,Ni－B,Co－P,Co－B 和 Co－Fe－P 化学镀工艺配方,适用于空心微珠、类陶瓷的玻璃纤维、碳纤维和羰基铁粉基体;扫描电镜、EDS 能谱仪、矢量网络分析仪等表征测试材料性质和电磁参数的结果表明,空心陶瓷、类陶瓷玻璃纤维、碳纤维以及羰基铁粉表面包覆 Ni－P,Ni－B,Co－P,Co－B 和 Co－Fe－P 等磁性金属合金镀层后得到的核壳结构,对基体本身的电磁性能有所改善。

1)空心微珠镀 Ni－P 40 min,电磁波反射率在 12～12.5 GHz 频段最大反射率基本都小于－1 dB,在 12.2 GHz 反射率小于－6 dB。

2)碳纤维镀 Ni－P 0.5 h,电磁波反射率基本小于－4 dB,尤其在 8～10 GHz 波段最大反射率基本都小于－5 dB,在 8 GHz,反射率小于－8 dB。

3)玻璃纤维化学镀 Co－P 0.5 h,反射率在 8～10 GHz 频段平均减小－5 dB。

其次,灼烧实验和 TG－DTG 热分析等抗氧化性分析实验结果说明,在羰基铁粉(CIPs)表面包覆 Co－P,Ni－B 镀层,均能对羰基铁粉起到一定的防氧化作用,而镀层 Co－P 的防氧化效果更突出。数据说明:常温下包覆 Co－P 镀层对 CIPs 的电磁参数无较大影响;250℃以下的高温环境中镀层 Co－

P 能对 CIPs 起到防氧化的作用,使其吸波性能相对未包覆的 CIPs 有所改善,镀层的厚度对 CPIs 涂层本身的物化性质和吸波性能有影响,具体如下:

1) Ni-B 和 Co-B 镀层防铁粉氧化效果突出,并可降低其微波反射率;0.28～0.38 μm 厚度的 Ni-B 镀层将铁粉在 X 频段反射率-10 dB 以下的频宽由 1 GHz 左右拓宽到 3 GHz 左右,而 0.13～0.17 μm 厚度的 Co-B 镀层基本将 X 频段反射率平均降低了-2 dB。

2) 羰基铁粉表面镀覆镀层 Co-P-1,Co-P-2,Co-P-3,Ni-B-4 后,其晶化峰温由 469.08℃ 分别推迟到 631.22℃,623.66℃,626.89℃,502.05℃,测试结果说明镀层 Co-P,Ni-B 均能对羰基铁粉起到一定的防氧化作用,镀层 Co-P 的效果更突出。

3) 涂层 CIPs-Co2 恒温前其反射率在 8.2～12.4 GHz 频率范围随着频率的增加从-6.5 dB 降到-8.4 dB 左右;在 250℃ 恒温 50 h 后,其反射率在 8.2～12.4 GHz 频率范围随着频率的增加从-6.0 dB 降到-8.0 dB 左右,在 200℃ 恒温 100 h 后,其反射率在 8.2～12.4 GHz 频率范围随着频率的增加从-5.5 dB 降到-7.6 dB 左右;在 300℃ 恒温 50 h 后,反射率相对最低,其反射率在 8.2～12.4 GHz 频率范围随着频率的增加从-6.5 dB 降到-8.0 dB左右。以上结果说明,镀层 Co2 对 CIPs 在高温的吸波性能没有降低,反而有所改善。

4) 涂层 CIPs 反射率整体随温度的连续升高、降低(30℃—350℃—30℃)呈现连续降低和增加的规律性,在 25℃ 时其反射率最大,在 8.2～12.4 GHz 频率范围随着频率的增加从-4.5 dB 降到-8.5 dB 左右。涂层 CIPs-Co1 反射率整体随温度的连续升高、降低,呈现连续增加和降低的规律性,在 350℃ 时反射率最大,在 8.2～12.4 GHz 频率范围随着频率的增加从-6.5 dB降到-9.5 dB 左右。涂层 CIPs-Co2,CIPs-Co3 反射率在 200℃ 之前随温度的连续升高呈现连续降低的变化规律,在之后连续变温过程中,反射率的变化波动较大,这可能与 CIPs-Co2,CIPs-Co3 涂层在高温下聚集态的变化有关(从固态变成熔融态)。

CIPs 的缺点主要是密度大、损耗机制单一,难以满足涂层轻量化、吸波频带宽的需求。未来,随着雷达探测技术的发展,电磁环境会愈加复杂,只有综合性能更佳的吸波材料才能满足"薄、轻、宽、强"的需求,因此,需进行多种材料之间的优势互补复合的研究,以获得性能更佳的吸波材料。

　　未来的吸波材料很可能会向以下几个方向发展。

　　1)高温抗氧化的吸波材料。在现代战场,高超声速武器是常规武器中的撒手锏,由于飞行器飞行速度很快,飞行器的表面温度高达 $600\sim700℃$,在这个温度下,常用的磁性吸波材料会被氧化,使飞行器表面的雷达隐身涂层失效,飞行器容易被敌方雷达发现、拦截,因此,未来吸波材料的发展方向是其高温下抗氧化性能的提高。

　　2)功能多样的吸波材料。在现代的战争环境中,高温武器很容易被红外探测设备发现。因此,吸波材料在具备吸收电磁波能力的前提下,还应该具备防止被红外探测设备发现的能力。

　　3)吸波频带宽、吸波性能好的吸波材料。目前,大多数的吸波材料的吸波频带很窄,只在很窄的范围内表现出较好的吸波性能。但是,为了达到更好的探测效果,雷达发射出的电磁波是多种频段的。在制备吸波涂层时,为了达到"薄"的目的,不可能将多种吸波材料同时加入涂层中。研究制备出吸波频带宽、吸波性能好的复合吸波材料将会是未来的发展方向。

参 考 文 献

[1] 冯卉，毛红保，吴天爱. 侦察打击一体化无人机关键技术及其发展趋
     势分析[J]. 飞航导弹，2014(3)：42-46.

[2] 月芳，郝万军. 吸波材料研究进展及其对军事隐身技术的影响[J]. 化
     工新型材料，2012，40(1)：13-15.

[3] 李文博. 碳基复合材料制备及其电化学电极研究[D]. 南京：南京大
     学，2012.

[4] 彭艳萍. 飞机隐身技术及隐身材料[J]. 航空学报，1999，20(3)：1-4.

[5] 孟新强. 国外雷达隐身和红外隐身技术的发展[J]. 飞行导弹，2005(7)：
     34-42.

[6] GIAIMAKOPOULOU T, OIKONOMOU A, KORDAS G. Double-
     layer microwave absorbers based on materials with large magnetic and
     dielectric losses [J]. Journal of Magnetism and Magnetic Materials，
     2004，271(2)：224-229.

[7] MOSALLAEI H, RAHMAT Y. RCS reduction of canonical targets
     using genetic algorithm synthesized RAM [J]. IEEE Transaction on
     Antennas and Propagation，2000，48(10)：1594-1606.

[8] 邓惠勇，官建国，高国华. 雷达用隐身吸波材料研究进展[J]. 化工新
     型材料，2003，31(3)：4-6.

[9] 陈雪刚，叶瑛，程继鹏. 电磁波吸收材料的研究进展[J]. 无机材料学
     报，2011，26(5)：449-457.

[10] WESTON D A. Electromagnetic compatibility：principles and
      application [M]. New York：Marcel Dekker Inc，2001.

[11] 刘力，仵浩，张成涛，等. 武器装备隐身与反隐身技术发展研究[J].
      飞航导弹，2014(4)：80-82.

[12] CHE B D, NGUYEN B Q, NGUYEN L T T, et al. The impact of

different multi – walled carbon nanotubes on the X – band microwave absorption of their epoxy nanocomposites [J]. Chemistry Central Journal，2015，9(1)：10 – 23.

[13] LU M M，CAO W Q，SHI H L，et al. Multi-wall carbon nanotubes decorated with ZnO nanocrystals：mild solution – process synthesis and highly efficient microwave absorption properties at elevated temperature [J]. Journal of Materials Chemistry A，2014，27：10540 – 10547.

[14] YANG H J，CAO W Q，ZHANG D Q，et al. NiO hierarchical nanorings on SiC：enhancing relaxation to tune microwave absorption at elevated temperature [J]. ACS Applied Materials and Interfaces，2015，13：7073 – 7077.

[15] 王琦. 铁氧体空心微球与磁性金属核壳粒子的制备和性能研究[D]. 武汉：武汉理工大学，2004.

[16] QIU J，QIU T. Fabrication and microwave absorption properties of magnetite nanoparticle – carbon nanotube – hollow carbon fiber composites [J]. Carbon，2015，81(1)：20 – 28.

[17] CHEN Y J，LI Y，CHU B T T，et al. Porous composites coated with hybrid nano carbon materials performs excellent electromagnetic interference shielding [J]. Composites Part B：Engineering，2015，70：231 – 237.

[18] DING D，LUO F，SHI Y，et al. Influence of thermal oxidation on complex permittivity and microwave absorbing potential of KD – I SiC fiber fabrics [J]. Journal of Engineered Fabrics and Fibers，2014，9(2)：99 – 104.

[19] 叶明泉，韩爱军，贺丽丽. 核壳型导电高分子复合粒子的制备研究进展[J]. 化工进展，2007，26(6)：825 – 829.

[20] 王雯，王成国，郭宇，等. 新型碳基复合吸波材料的制备及性能研究[J]. 航空材料学报，2012，32(1)：63 – 65.

[21] 康文君. 碳基复合材料的可控合成-表征与性能研究[D]. 合肥：中国

科学技术大学,2011.

[22]　曾祥云,李家俊,师春生.碳纤维在电磁功能复合材料中的应用[J].
材料导报,1998(12):64-66.

[23]　赵东林,沈曾民,迟伟东,等.碳纤维结构吸波材料及其吸波碳纤维
的制备[J].高科技纤维与应用,2000,25(3):8-10.

[24]　高文,冯志海,黎义.涂层改性碳纤维复合材料的微波性能研究[J].
宇航材料工艺,2000,30:53-55.

[25]　HUANG C Y. Optimum conditions of electroless nickel plating on
carbon fibres for EMI shielding effectiveness of ENCF/ABS
composites[J]. European Polymer Journal,1998,34(2):261-267.

[26]　YANG Y, ZHANG B S, XU W D, et al. Preparation and
electromagnetic characteristics of a novel iron-coated carbon fiber
[J]. Journal of Alloys and Compounds,2004,365:300-302.

[27]　黄洁,刘祥萱,吴春.ABS 塑料表面无钯化学镀镍新工艺[J].材料保
护,2009,42(4):21-23.

[28]　邢丽英,刘俊能,任淑芳.短碳纤维电磁特性及其在吸波材料中应用
研究[J].材料工程,1998(1):19-21.

[29]　赵东林,沈曾民.螺旋形手征碳纤维的微波介电特性[J].无机材料
学报,2003,18(5):1057-1059.

[30]　欧阳国恩,刘兴慰,岳曼君.SiC-C 纤维有机先驱体流变可纺性研
究[J].复合材料学报,1995(12):46-49.

[31]　罗发,周万城,焦桓,等.SiC(N)/LAS 吸波材料吸波性能研究 [J].
无机材料学报,2003,18:580-587.

[32]　DRMOTA A, KOSELJ J, DROFENIK M, et al. Electromagnetic
wave absorption of polymeric nanocomposites based on ferrite with a
spinel and hexagonal crystal structure[J]. Journal of Magnetism and
Magnetic Materials,2012(6):1225-1229.

[33]　毛倩瑾,于彩霞,王群,等.纳米铜镍复合粉的化学合成及表征[J].
北京工业大学学报,2002,28(1):108-110.

[34]　刘家琴,吴玉程,薛茹君.空心微珠表面化学镀 Ni-Co-P 合金[J].

物理化学学报,2006,22(2):239-242.

[35] 杜玉成,龚先政,黄坤良.空心微珠为基核的纳米隐形材料的制备研究[J].矿冶,2002(11):71-72.

[36] 陈映杉,冯旺军,李翠环,等.核-壳结构 $SrFe_{12}O_{19}-NiFe_2O_4$ 复合纳米粉体的吸波性能[J].复合材料学报,2012,29(1):111-115.

[37] 曾爱香,熊惟浩,王采芳.空心微珠表面化学镀 Ni-Co-P 合金镀层研究[J].材料保护,2004,37(4):19-22.

[38] 毕鸿章.高强度玻璃纤维及其应用[J].高科技纤维与应用,1999(2):19-20.

[39] 姜晓霞,沈伟.化学镀理论及实践[M].北京:国防工业出版社,2000.

[40] 曾为民,吴纯素,吴荫顺.化学镀铜[J].南昌航空工业学院学报,1998(1):83-85.

[41] 李海燕,张世珍,桂林,等.新型纳米吸波材料研究进展[J].现代涂料与涂装,2012(13):25-29.

[42] 段宏基,郭超,杨雅琦,等.聚丙烯/镀镍玻璃纤维导电复合材料的制备及性能研究[C]//中国化学会.全国高分子材料科学与工程研讨会学术论文集.北京:中国化学会,2014:730-732.

[43] 郑夏莲.结构型吸波复合材料制备与吸波性能研究[D].南昌:南昌大学,2014.

[44] 武晓威,冯玉杰,韦韩,等.Ni-P 化学镀制备钡铁氧体基红外-微波一体化隐身材料[J].无机材料学报,2009,24(1):97-102.

[45] PAN X, QIU J, GU M. Preparation and microwave absorption properties of nanosized $Ni/SrFe_{12}O_{19}$ magnetic powder [J]. Journal of Materials Science, 2007, 42(6):2086-2089.

[46] PAN X, SHEN H, QIU J, et al. Preparation, complex permittivity and permeability of the electroless Ni-P deposited strontium ferrite powder [J]. Materials Chemistry and Physics, 2007, 101(2):505-508.

[47] WANG G, CHANG Y, WANG L, et al. Synthesis, characterization

and microwave absorption properties of Fe$_3$O$_4$/Co core/shell - type nanoparticles[J]. Advanced Powder Technology, 2012, 23(6): 861 - 865.

[48] 邓晓东, 彭承敏, 徐光亮, 等. 隔离器负载用微波吸收材料的研制 [J]. 电子元件与材料, 2009, 28(7): 65 - 69.

[49] 周永江, 程海峰, 陈朝辉, 等. 羰基铁粉吸波涂层的优化设计[J]. 材料工程, 2006, 26(Z1): 236 - 239.

[50] 张秀菊, 陈鸣才, 黄玉惠, 等. 聚酰亚胺的性能、应用及发展概况[J]. 广州化学, 1998(3): 58 - 59.

[51] 王勇. 碳纤维表面涂层提高抗氧化性能的研究进展[J]. 化工新型材料, 2014, 42(1): 38 - 41.

[52] 李敏, 张佐光, 仲伟虹. 聚酰亚胺树脂研究与应用进展[J]. 复合材料学报, 2000, 17(4): 48 - 50.

[53] 杨福来. 羰基铁的成键、结构、性质、制备及应用[J]. 抚州师专学报, 1996, 48(1): 66 - 73.

[54] 丁冬海, 罗发, 周万城, 等. 高温雷达吸波材料研究现状与展望[J]. 无机材料学报, 2014, 29(5): 461 - 469.

[55] 李婷, 唐瑞鹤, 于荣海. Fe - B/Fe$_3$O$_4$纳米复合粒子的吸波性能研究 [J]. 金属功能材料, 2009, 16(4): 16 - 19.

[56] 刘姣, 丘泰, 杨建, 等. MgFe$_2$O$_4$铁氧体改性羰基铁粒子制备及吸波性能[J]. 有色金属(冶炼部分), 2009 (1): 21 - 24.

[57] 童国秀, 官建国, 王维, 等. 羰基铁/Al$_2$O$_3$核壳复合粒子的制备和性能[J]. 材料研究学报, 2008, 22(1): 102 - 106.

[58] 周影影, 耐温树脂基吸波材料的制备及其性能研究[D]. 西安: 西北工业大学, 2016.

[59] 章娴君, 王显祥, 罗玲, 等. 羰基金属气相沉积方法进行 Al$_2$O$_3$基片表面合金化研究[J]. 西南师范大学学报(自然科学版), 2002, 27 (4): 14 - 17.

[60] HAN R, GONG L, WANG T, et al. Complex permeability and microwave absorbing properties of planar anisotropy carbonyl - iron/

$Ni_{0.5}Zn_{0.5}Fe_2O_4$ composite in quasimicrowave band[J]. Materials Chemistry and Physics, 2012, 131(3): 555 - 560.

[61] QING Y, ZHOU W, HUANG S, et al. Evolution of double magnetic resonance behavior and electromagnetic properties of flake carbonyl iron and multi - walled carbon nanotubes filled epoxy - silicone [J]. Journal of Alloys and Compounds, 2014, 583: 471 - 475.

[62] LU M, YE F, ZHOU Q. Preparation and research on the electromagnetic wave absorbing coating with co-ferrite and carbonyl iron particles[J]. Journal of Materials Science Research, 2013, 2 (2): 35 - 37.

[63] 刘顺华,刘军民,董星龙,等. 电磁波屏蔽及吸波材料[M]. 北京:化学工业出版社,2007.

[64] 郭飞,杜红亮. 海胆状氧化锌/羰基铁粉核壳结构复合粒子的抗氧化及吸波性能[J]. 无机化学学报,2015,31(4):757 - 760.

[65] ZENG M, ZHANG X X, YU R H, et al. Improving high - frequency properties via selectable diameter of amorphous - ferroalloy particle [J]. Materials Science and Engineering: B, 2014, 185(1): 21 - 25.

[66] CHENG S L, HSU T L, LEE T, et al. Characterization and kinetic investigation of electroless deposition of pure cobalt thin films on silicon substrates[J]. Applied Surface Science, 2013,264: 732 - 736.

[67] 刘姣,丘泰,杨建. $MgFe_2O_4$铁氧体原位包覆羰基铁超细复合粉体的制备及其抗氧化性能[J]. 南京工业大学学报,2008,30(2):27 - 35.

[68] 马治. 磁性微米纳米材料的制备及其高频磁性研究[D]. 兰州:兰州大学,2012.

[69] 曹晓国,张海燕. 镀银羰基铁粉的制备及其性能的研究[J]. 材料工程,2007(8):70 - 72.

[70] 胡文彬,刘磊,仵亚婷. 难度基材的化学镀镍技术[M]. 北京:化学工业出版社,2003.

[71] LI R, LIU X X, WANG X J. Synthesis of Ni Ni - P and Ni - B

nanoparticles and their catalytic effect on the thermal decomposition of ammoniumperchlorate[J]. Journal of Solide Rocket Technology, 2008,31：607 - 610.

[72] LI R, LIU X X, WANG X J. Catalytic behaviors of CoB and CoB/SiO$_2$ in thermal decomposition of ammonium perchlorate [J]. Journal of Solide Rocket Technology, 2011,34：754 - 756.

[73] COLLIN R E. Foundations of microwave engineering [M]. New York：McGraw - Hill, 1992.

[74] 郭辉萍，刘学现. 电磁场与电磁波[M]. 西安：西安电子科技大学出版社，2002.

[75] 胡传析. 隐身涂层技术[M]. 北京：化学工业出版社，2004.

[76] 陈恩霖. 雷达吸波材料与吸波结构[J]. 现代雷达，1996(4)：95 - 99.

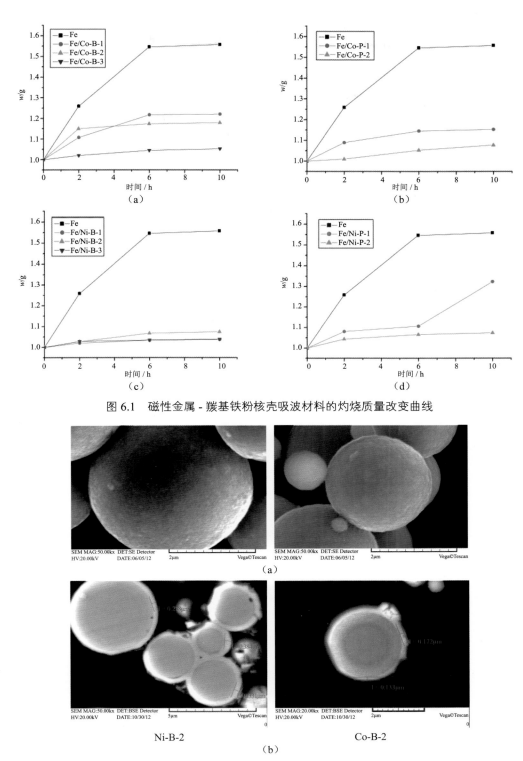

图 6.1　磁性金属 - 羰基铁粉核壳吸波材料的灼烧质量改变曲线

Ni-B-2　　　　　　　　　Co-B-2

（b）

图 6.2　Fe/Ni-B-2 和 Fe/Co-B-2 样品磁性金属 - 羰基铁粉核壳吸波材料的表面和截面图

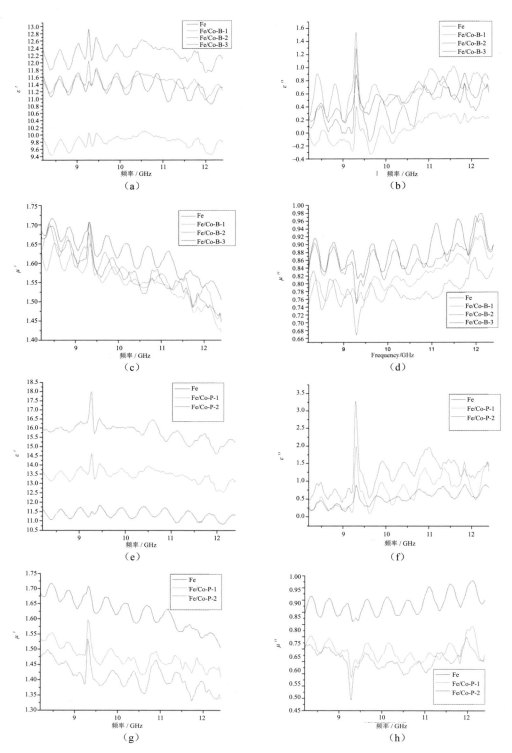

图 6.3　磁性金属 - 羰基铁粉核壳吸波材料的电磁参数 ε'，ε''，μ'，μ'' 比较

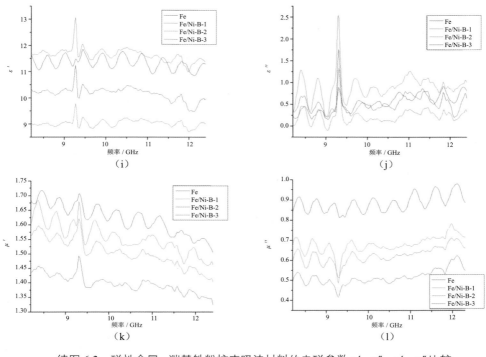

续图 6.3 磁性金属 - 羰基铁粉核壳吸波材料的电磁参数 ε'，ε''，μ'，μ'' 比较

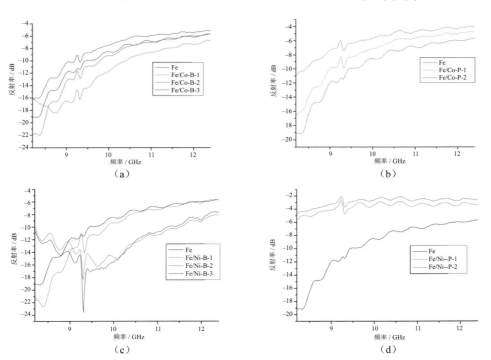

图 6.4 磁性金属 - 羰基铁粉核壳吸波材料的电磁波反射率比较

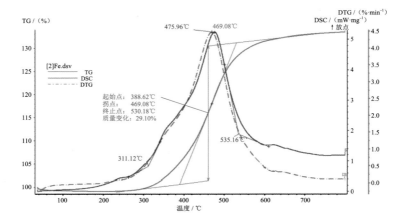

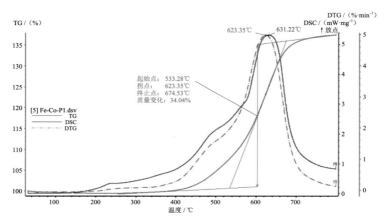

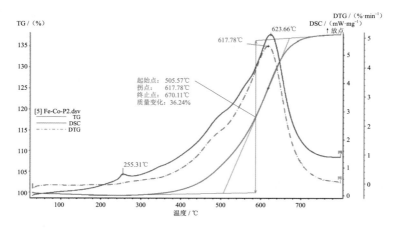

图 6.5 样品 Fe，Fe/Co-P-1，Fe/Co-P-2，Fe/Co-P-3，Fe/Ni-B-4 的
TG-DTG 热分析图谱

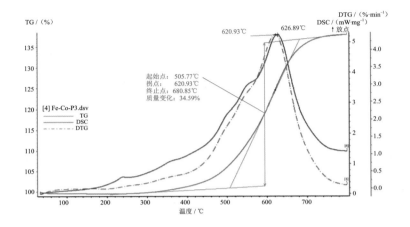

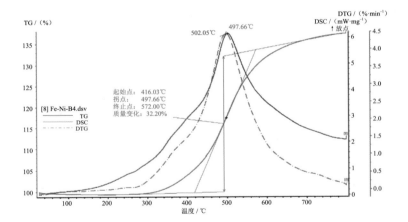

续图 6.5 样品 Fe，Fe/Co-P-1，Fe/Co-P-2，Fe/Co-P-3，Fe/Ni-B-4 的

TG-DTG 热分析图谱

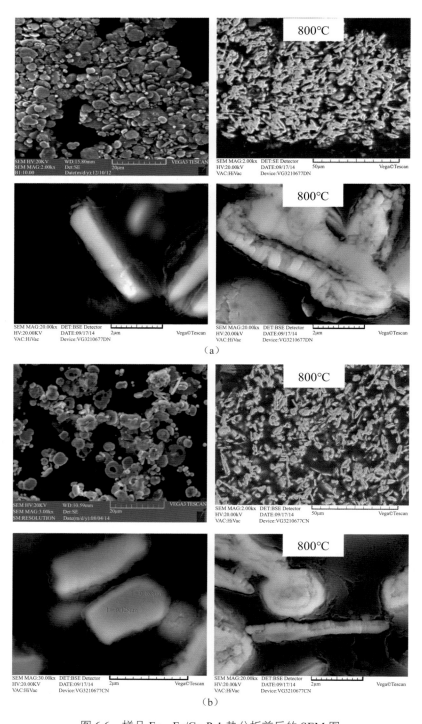

图 6.6　样品 Fe，Fe/Co-P-1 热分析前后的 SEM 图

（a）样品 Fe 热分析前后的 SEM 图；　（b）样品 Fe/Co-P-1 热分析前后的 SEM 图

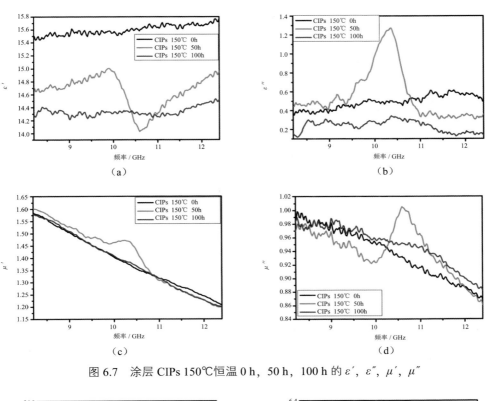

（a）

（b）

（c）

（d）

图 6.7　涂层 CIPs 150℃恒温 0 h，50 h，100 h 的 ε'，ε''，μ'，μ''

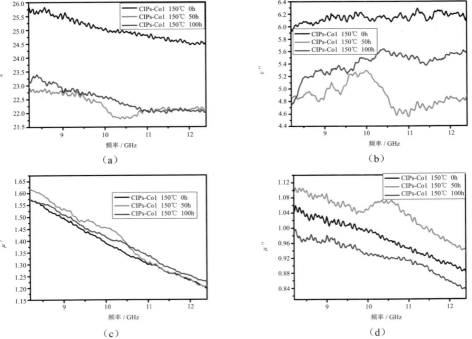

（c）

（d）

图 6.8　涂层 CIPs-Co1 150℃恒温 0 h，50 h，100 h 的 ε'，ε''，μ'，μ''

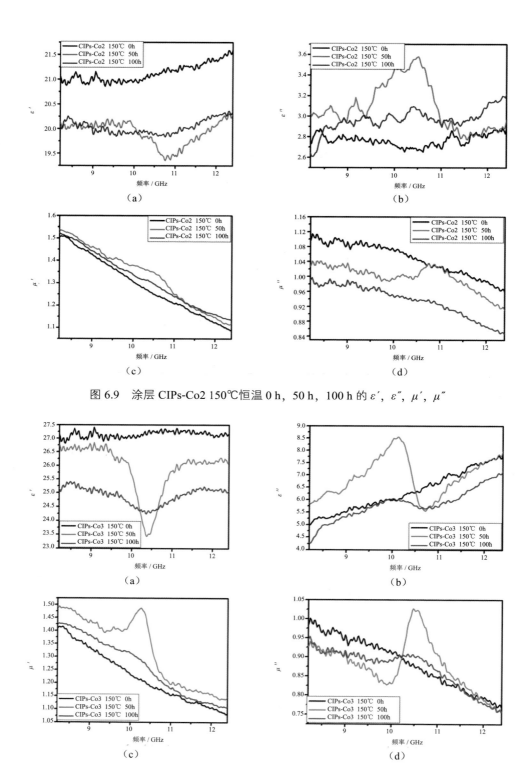

图 6.9　涂层 CIPs-Co2 150℃恒温 0 h，50 h，100 h 的 ε'，ε''，μ'，μ''

图 6.10　涂层 CIPs-Co3 150℃恒温 0 h，50 h，100 h 的 ε'，ε''，μ'，μ''

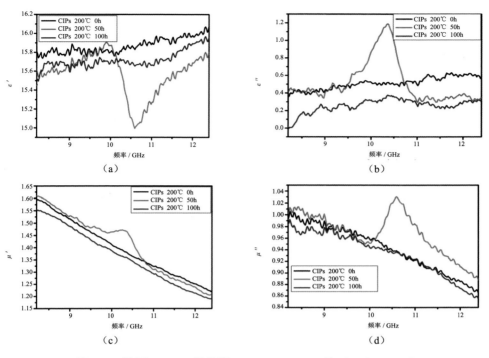

图 6.11 涂层 CIPs 200℃恒温 0 h，50 h，100 h 的 ε'，ε''，μ'，μ''

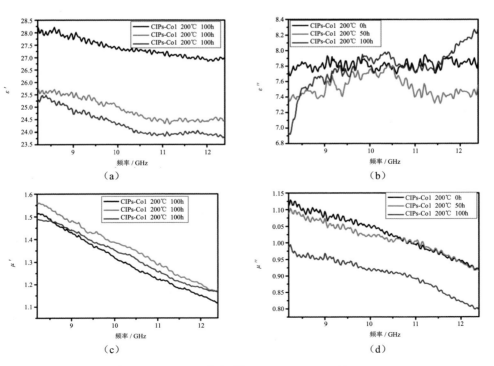

图 6.12 涂层 CIPs-Co1 200℃恒温 0 h，50 h，100 h 的 ε'，ε''，μ'，μ''

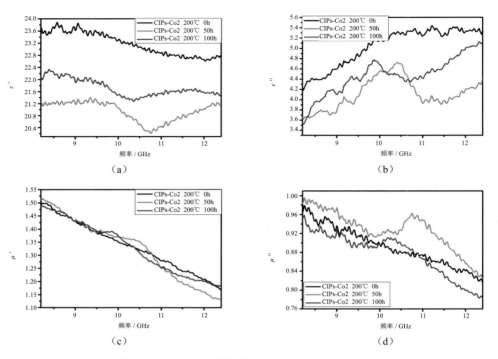

图 6.13　涂层 CIPs-Co2 200℃恒温 0 h，50 h，100 h 的 ε'，ε''，μ'，μ''

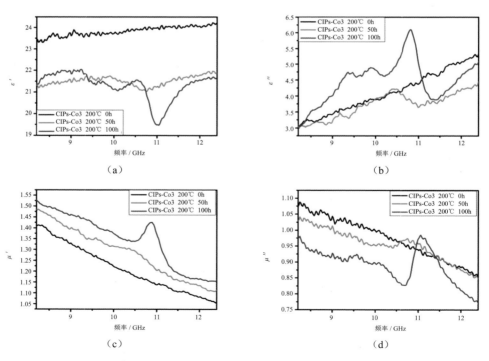

图 6.14　涂层 CIPs-Co3 200℃恒温 0 h，50 h，100 h 的 ε'，ε''，μ'，μ''

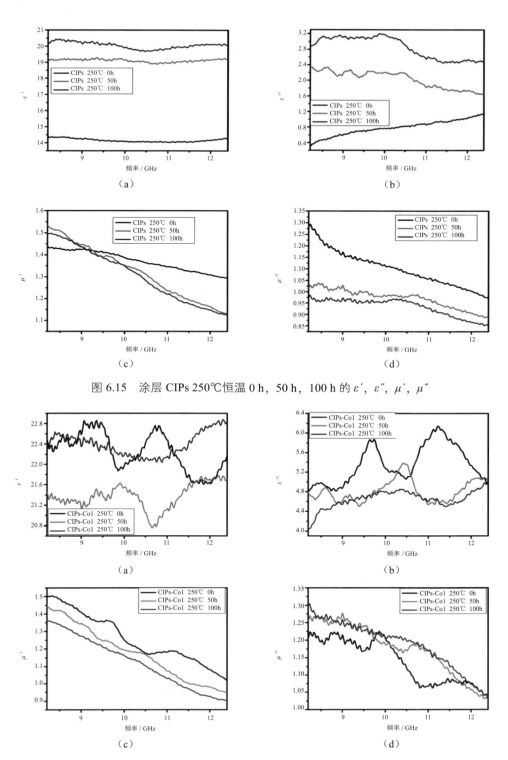

图 6.15　涂层 CIPs 250℃恒温 0 h，50 h，100 h 的 ε'，ε''，μ'，μ''

图 6.16　涂层 CIPs-Co1 250℃恒温 0 h，50 h，100 h 的 ε'，ε''，μ'，μ''

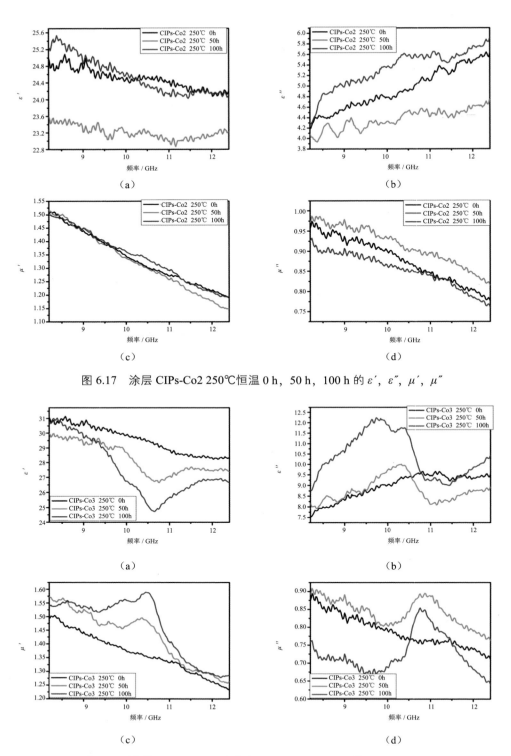

图 6.17　涂层 CIPs-Co2 250℃恒温 0 h，50 h，100 h 的 ε'，ε''，μ'，μ''

图 6.18　涂层 CIPs-Co3 250℃恒温 0 h，50 h，100 h 的 ε'，ε''，μ'，μ''

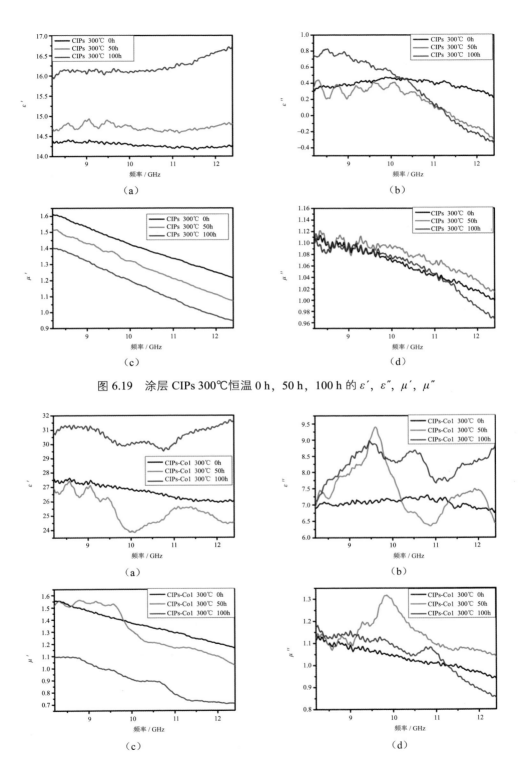

图 6.19　涂层 CIPs 300℃恒温 0 h，50 h，100 h 的 ε'，ε''，μ'，μ''

图 6.20　涂层 CIPs-Co1 300℃恒温 0 h，50 h，100 h 的 ε'，ε''，μ'，μ''

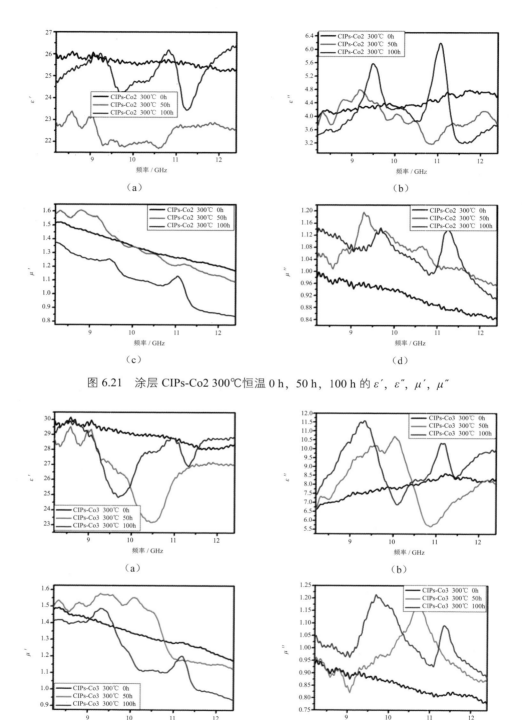

图 6.21　涂层 CIPs-Co2 300℃恒温 0 h，50 h，100 h 的 ε'，ε''，μ'，μ''

图 6.22　涂层 CIPs-Co3 300℃恒温 0 h，50 h，100 h 的 ε'，ε''，μ'，μ''

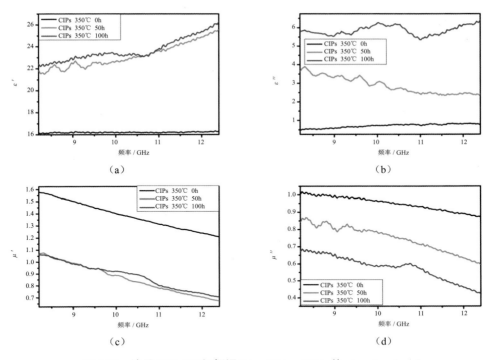

图 6.23　涂层 CIPs 350℃恒温 0 h，50 h，100 h 的 ε'，ε''，μ'，μ''

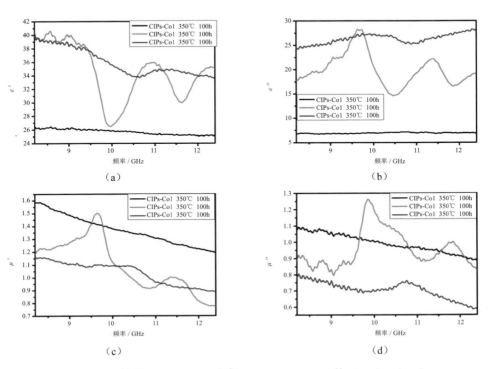

图 6.24　涂层 CIPs-Co1 350℃恒 0 h，50 h，100 h 的 ε'，ε''，μ'，μ''

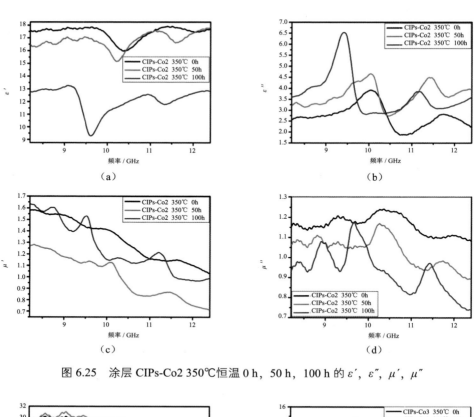

图 6.25　涂层 CIPs-Co2 350℃恒温 0 h，50 h，100 h 的 ε'，ε''，μ'，μ''

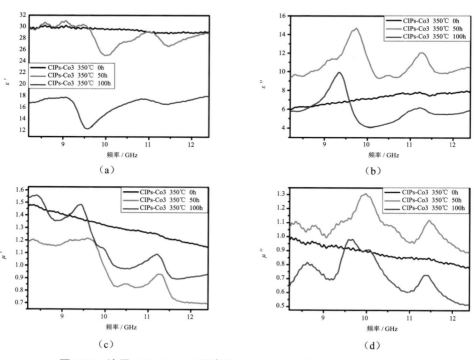

图 6.26　涂层 CIPs-Co3 350℃恒温 0 h，50 h，100 h 的 ε'，ε''，μ'，μ''

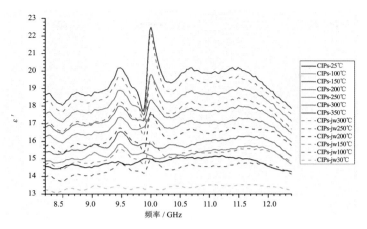

图 6.27　涂层 CIPs 连续升温降温的 ε' 变化

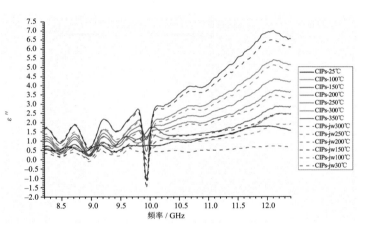

图 6.28　涂层 CIPs 连续升温降温的 ε'' 变化

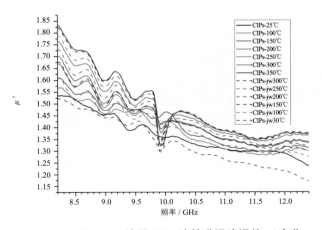

图 6.29　涂层 CIPs 连续升温降温的 μ' 变化

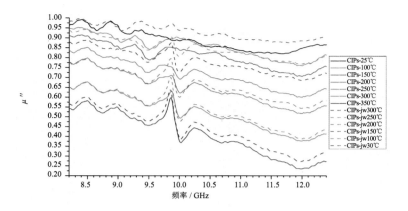

图 6.30　涂层 CIPs 连续升温降温的 μ'' 变化

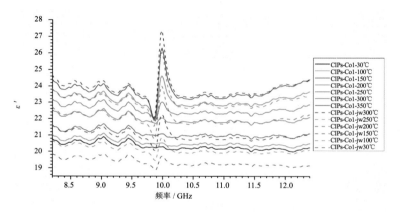

图 6.31　涂层 CIPs-Co1 连续升温降温的 ε' 变化

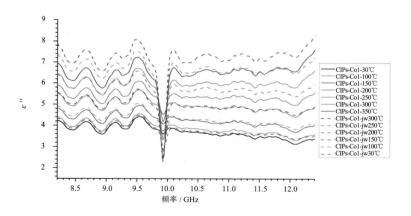

图 6.32　涂层 CIPs-Co1 连续升温降温的 ε'' 变化

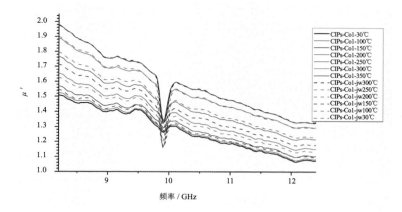

图 6.33　涂层 CIPs-Co1 连续升温降温的 μ' 变化

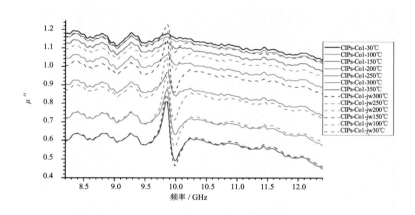

图 6.34　涂层 CIPs-Co1 连续升温降温的 μ'' 变化

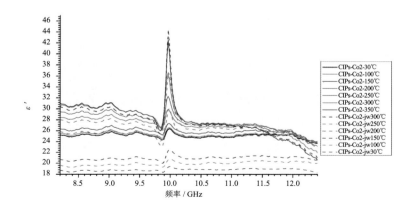

图 6.35　涂层 CIPs-Co2 连续升温降温的 ε' 变化

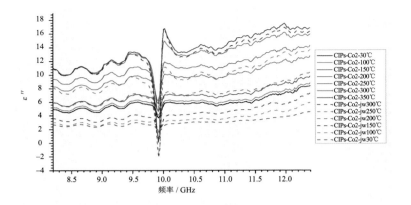

图 6.36　涂层 CIPs-Co2 连续升温降温的 ε'' 变化

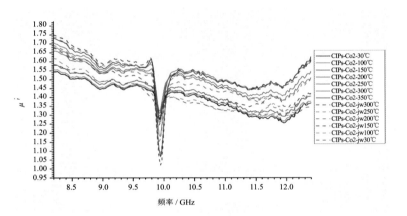

图 6.37　涂层 CIPs-Co2 连续升温降温的 μ' 变化

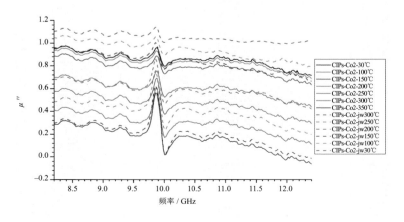

图 6.38　涂层 CIPs-Co2 连续升温降温的 μ'' 变化

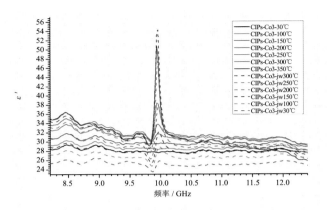

图 6.39　涂层 CIPs-Co3 连续升温降温的 ε' 变化

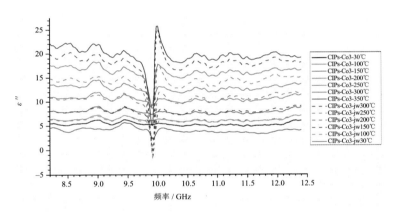

图 6.40　涂层 CIPs-Co3 连续升温降温的 ε'' 变化

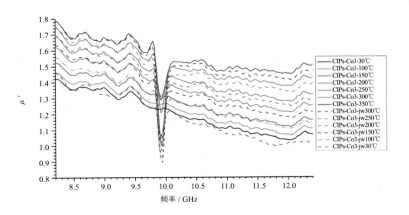

图 6.41　涂层 CIPs-Co3 连续升温降温的 μ' 变化

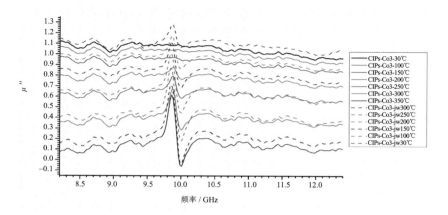

图 6.42 涂层 CIPs-Co3 连续升温降温的 μ'' 变化

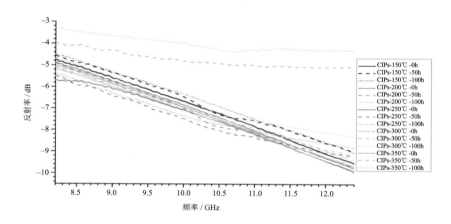

图 6.43 涂层 CIPs 恒温反射率变化

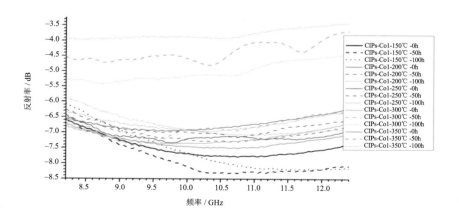

图 6.44 涂层 CIPs-Co1 恒温反射率变化

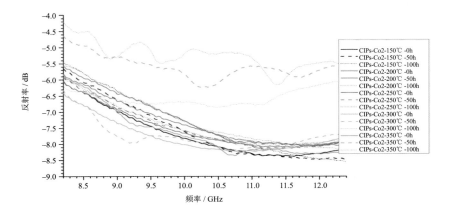

图 6.45　涂层 CIPs-Co2 恒温反射率变化

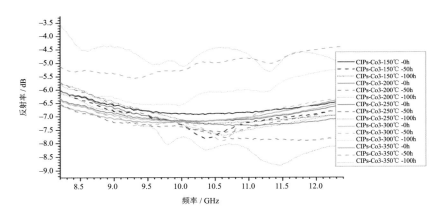

图 6.46　涂层 CIPs-Co3 恒温反射率变化

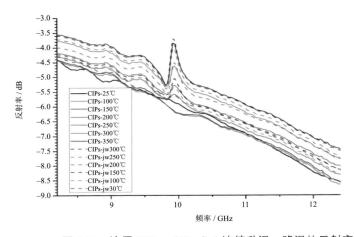

图 6.47　涂层 CIPs，CIPs-Co1 连续升温、降温的反射率变化

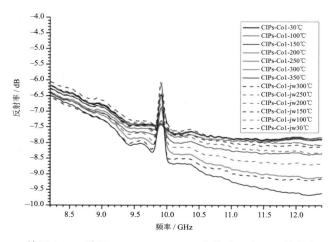

续图 6.47　涂层 CIPs，CIPs-Co1 连续升温降温反射率变化

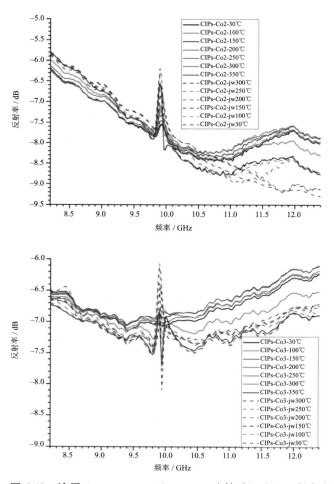

图 6.48　涂层 CIPs-Co2，C 又 IPs-Co3 连续升温降温反射率变化